# Geografia agrária

# Geografia agrária

Gustavo Felipe Olesko

2ª edição

Rua Clara Vendramin, 58 . Mossunguê . CEP 81200-170 . Curitiba . PR . Brasil
Fone: (41) 2106-4170 . www.intersaberes.com . editora@intersaberes.com

Conselho editorial
Dr. Alexandre Coutinho Pagliarini
Dr.ª Elena Godoy
Dr. Neri dos Santos
M.ª Maria Lúcia Prado Sabatella

Editora-chefe
Lindsay Azambuja

Gerente editorial
Ariadne Nunes Wenger

Assistente editorial
Daniela Viroli Pereira Pinto

Edição de texto
Monique Francis Fagundes Gonçalves

Capa
*Design*: Luana Machado Amaro
Imagens: Faber14, -izabell- e Lukasz Szwaj/Shutterstock

Projeto gráfico
Mayra Yoshizawa (*design*)
ildogesto e Itan1409/Shutterstock (imagens)

Iconografia
Regina Claudia Cruz Prestes

1ª edição, 2017.
2ª edição, 2023.

Foi feito o depósito legal.

Informamos que é de inteira responsabilidade do autor a emissão de conceitos.

Nenhuma parte desta publicação poderá ser reproduzida por qualquer meio ou forma sem a prévia autorização da Editora InterSaberes.

A violação dos direitos autorais é crime estabelecido na Lei n. 9.610/1998 e punido pelo art. 184 do Código Penal.

Dados Internacionais de Catalogação na Publicação (CIP)
(Câmara Brasileira do Livro, SP, Brasil)

Olesko, Gustavo
  Geografia agrária / Gustavo Olesko. -- 2. ed. -- Curitiba, PR : Editora InterSaberes, 2023.

  Inclui bibliografia
  ISBN 978-85-227-0683-9

  1. Geografia agrícola – Brasil I. Título.

23-155633                                              CDD-630.981

**Índices para catálogo sistemático:**
1. Brasil: Geografia agrária   630.981
Eliane de Freitas Leite – Bibliotecária – CRB 8/8415

# Sumário

*Agradecimentos* | 7

*Apresentação* | 9

*Organização didático-pedagógica* | 17

1. Histórico da geografia agrária | 21
    1.1 Os primórdios da geografia agrária | 24
    1.2 Os métodos da geografia agrária | 32
    1.3 As correntes teóricas da geografia agrária | 42
    1.4 A geografia agrária na atualidade | 53

2. Formação do campo brasileiro | 67
    2.1 A formação territorial do Brasil | 69
    2.2 A ocupação do campo brasileiro | 79
    2.3 A questão agrária no Brasil | 92

3. Os sujeitos do campo: do camponês ao latifundiário | 101
    3.1 Quem é o camponês? A teoria campesina | 103
    3.2 O que é o latifúndio? Sobre o uso e a propriedade da terra | 110
    3.3 O Estado e seu papel no campo | 117

4. Produzir no campo: as várias faces da produção do espaço agrário | 127
    4.1 A agricultura camponesa | 129
    4.2 A agricultura capitalista | 135
    4.3 Agricultura familiar e agricultura camponesa: continuidade ou ruptura? | 141

5. Urbano ou rural? Cidade ou campo? As relações campo-cidade na geografia agrária | 151
   5.1 Diferenciando o urbano do rural: chaves de entendimento | 153
   5.2 As diferenças na produção do espaço agrário e do espaço urbano | 161
   5.3 O campo é atrasado? Destruindo o mito do atraso no espaço agrário | 163
   5.4 A subordinação do campo pela cidade | 169

6. O campo no Brasil do século XXI – mesmos conflitos, novos sujeitos | 183
   6.1 A emergência da agroecologia | 186
   6.2 Os povos e comunidades tradicionais | 195
   6.3 Terra e território | 206

*Considerações finais* | *217*
*Referências* | *221*
*Bibliografia comentada* | *233*
*Respostas* | *237*
*Sobre o autor* | *245*

# Agradecimentos

Em primeiro lugar, agradeço de modo profundo e caloroso a todos os camponeses deste país. São eles que com muito trabalho, lágrimas, suor e sangue nos alimentam, seja com o alimento presente em nossas mesas, produzido no seio da terra, ou aquele utópico, composto pela vontade e luta por um mundo mais igual, em que a terra é de quem nela trabalha e onde se produz para a autonomia e não para o lucro. Obrigado, então, aos camponeses, por mostrarem que a utopia é real.

Agradeço profundamente a minha companheira Larissa Urquiza Perez de Morais. Seu apoio foi incondicional ao longo do tempo e me fortaleceu, tanto academicamente quanto emocionalmente, para seguir firme na pesquisa. Agradeço a ela pela luz lançada nos debates sobre Identidade e Memória, além de me mostrar que o espaço agrário é sempre contestado.

Agradeço aos meus professores da Universidade de São Paulo, sem os quais não poderia ter construído e apreendido o que aqui tento demonstrar. Sou particularmente grato ao Prof. Dr. Ariovaldo Umbelino de Oliveira que, com seu conhecimento absurdo sobre a questão agrária brasileira e sua imensa humildade, conseguiu me inserir no debate do método na geografia agrária. Sou grato também à Prof.ª Dr.ª Larissa Mies Bombardi que, com seu empenho e força, me auxiliou a aprofundar-me nos estudos sobre a luta de classes e o campesinato. Por fim, agradeço a minha orientadora de doutorado, Prof.ª Dr.ª Valéria de Marcos, cuja paciência, sabedoria e auxílio me possibilitaram compreender aspectos do campo que antes me passavam despercebidos.

Gostaria de agradecer também aos diversos amigos e colegas que, com debates acadêmicos ou com um simples café da tarde, auxiliaram-me na caminhada.

# Apresentação

Na construção deste livro que você tem em mãos tivemos algumas preocupações básicas. Dentre elas, citamos as principais: **a questão do método**, sempre presente e essencial para a compreensão de *como* e *por que* construímos a obra da maneira como ela se apresenta e a presença sempre importante dos **conceitos-chave da geografia**, que você perceberá sendo utilizados ao longo da obra. Além disso, nos preocupamos com a construção de um **texto contínuo e coeso**, com vistas a auxiliar você, leitor, na leitura e na construção do conhecimento. Sendo assim, vale a pena apresentar esses três pontos principais, descrevendo também o que abordamos em cada capítulo da obra, explicitando os objetivos de cada um deles.

Durante toda a obra, há uma preocupação permanente na manutenção do método. Sendo assim, como você poderá ver logo no primeiro capítulo, quando tratamos dos métodos, entendemos que sua utilização como ferramenta de análise é vital para a elaboração do saber científico. Aqui, a **dialética materialista** é nosso norte, ou seja, buscamos entender o espaço agrário e a ciência geográfica a **partir de suas contradições, de suas ambiguidades, partindo sempre da realidade**, para depois chegar à teoria e, por fim, unir as duas – realidade e teoria – o no processo chamado de *práxis*.

Nosso trabalho nesta obra ocorre, então, por meio da **articulação de saberes**. Quando tratamos do campesinato, buscamos incessante e permanentemente unir o saber tradicional dos camponeses ao saber científico. Ao tratar do histórico da ciência geográfica, temos em mente a necessidade de articular o saber da geografia atual com o saber da geografia do passado e essa articulação deve existir sempre. A ciência geográfica não deve deixar de lado a descrição da paisagem, tão cara à geografia tradicional, clássica. Destacamos que a geografia atual é múltipla, ou seja, é crítica, cultural, ambiental, enquanto a geografia do passado foi quantitativa, positivista, determinista, descritiva. Articular e trabalhar com as contradições, portanto, é um ponto vital de nosso método.

Como partimos sempre do real, do material, ao longo da obra veremos como existiram diversos pontos de vista na geografia agrária, muitos deles conflitantes em seus objetivos, objetos e métodos. Ora, discordâncias sobre nosso modo de ver e construir a ciência devem existir; contudo, não é nosso objetivo idealizar o modo como as coisas ocorreram, mas sim mostrar como a realidade da ciência é produto das relações sociais, ou seja, um produto histórico.

Destacamos, desde já, que nosso viés metodológico nos faz entender os sujeitos do campo *por* e *a partir* das **classes sociais**. Isso não significa, absolutamente, que desdenhamos ou desconsideramos outros entendimentos possíveis. Diversos autores que versam sobre o campo brasileiro têm pontos de vista diferenciados sobre o tema, logo, nos posicionamos apenas como mais uma das diversas outras possíveis interpretações e construções teóricas sobre os sujeitos do campo.

Portanto, trabalhando com um produto histórico e social, temos também a construção e utilização de conceitos que são considerados *chaves* para a geografia. Tais conceitos são, também, produtos e construções históricas e sociais da humanidade. Não são neutros ou imunes a críticas. Nesse sentido, veremos ao longo da obra o conceito de **espaço agrário**, considerado um conceito-chave para o entendimento da geografia agrária como um todo. Igualmente importantes são os conceitos de **espaço geográfico** e **território**.

Outros conceitos que aparecem e são construídos com base no método que escolhemos utilizar nesta obra são fundados na **contradição**. Como exemplo, podemos citar a ideia de **expansão do capital**; as **relações não capitalistas dentro do capitalismo**, o **conceito de classe** e as **lutas de classe**. Tais conceitos são importantes para a geografia agrária, cujos estudos e pesquisas têm como base uma leitura crítica do espaço agrário. Além disso, no que tange à materialidade, percebe-se que essas questões são vitais para o entendimento do que se passa com os sujeitos do campo.

Por fim, adotamos a ideia de que esta obra possa ser lida de modo contínuo, coeso, de forma que a compreensão por parte do leitor seja facilitada. Nesse sentido, cada capítulo foi construído de modo a trabalhar dialeticamente com os outros, ainda que eles possam ser lidos e compreendidos separadamente. Trazemos também uma ampla bibliografia, a qual, em sua grande maioria, pode ser encontrada em periódicos, anais de eventos ou bibliotecas virtuais de livre acesso. Recomendamos aos leitores, aos estudantes e aos professores que busquem sempre essas fontes. O debate, a troca de ideias e o questionamento são elementos centrais para a construção de um saber verdadeiramente crítico e amplo, não se limitando a um ou outro pensador. Entendemos que a ciência não é neutra; portanto, para o leitor poder construir para si um saber autônomo, é interessante que vá até as fontes utilizadas nesta obra para ampliar seus conhecimentos ou, ainda, melhor compreender o que aqui foi trabalhado.

O entendimento do espaço agrário brasileiro é complexo. É necessário um exercício mental ao se estudar sobre o campo. Durante toda a leitura, em especial quando se trata da realidade do campo, é importante que o leitor faça uma viagem mental a esse espaço, buscando entender o campo e lançando um olhar como um morador do meio rural. Devemos buscar ao máximo entender a realidade por ela mesma e a partir dela, quebrando paradigmas e preconceitos que possam existir em nossas mentes. Quando possível – em uma viagem, por exemplo –, é interessante ao leitor conhecer o espaço agrário, ainda que seja apenas observando a paisagem, vendo como a produção do espaço ocorre. O ideal é que se conheça o campo de algum modo; porém, caso não seja possível, a leitura constante de textos que relatem essa realidade é essencial para que o leitor, professor ou estudante consiga apreender melhor sobre o real, não se atendo somente ao ideal, ao pré-concebido.

Dito isso, cabe expormos brevemente a divisão da obra que você tem mãos. Ela está dividida em seis capítulos que, como afirmamos, a despeito de estarem relacionados entre si de forma contínua, podem ser lidos separadamente.

No primeiro capítulo tratamos da história da geografia agrária, mostrando sua origem e seus temas mais recorrentes. É neste capítulo também que apresentamos os métodos presentes na geografia agrária, bem como os autores que os adotam e como esses métodos são utilizados dentro de nossa ciência.

Ainda no Capítulo 1, revisamos com as correntes teóricas da geografia agrária. Sabemos que a divisão em correntes teóricas é por vezes polêmica ou mesmo equivocada. Porém, destacamos que é necessário correr tais riscos, visto que mesmo a diferença mais sutil de concepção teórica, ainda que dentro de um mesmo método, pode gerar entendimentos da realidade que são imensamente díspares.

A leitura do primeiro capítulo é absolutamente fundamental, ele será a base para entender tudo o que vamos trabalhar posteriormente. Sem nos debruçarmos sobre ele, a questão do método e das vertentes teóricas fica em aberto, o que pode criar interpretações equivocadas ou, ainda, uma falta de entendimento para alguma problemática que apareça ao longo do livro. Finalizando o primeiro capítulo, apresentamos um panorama geral da geografia agrária na atualidade, buscando conectar teoria e método a autores que julgamos essenciais para a construção desse ramo da ciência geográfica.

No Capítulo 2, fazemos o exercício histórico de entender a analisar a formação territorial do campo brasileiro, passando para a construção e produção do espaço agrário, sempre olhando para o presente; ou seja, abordamos dialeticamente como a ocupação do campo brasileiro, seus conflitos históricos e sua formação têm influência brutal sobre a situação atual do espaço agrário nacional. Finalizando o capítulo, abordamos a questão agrária, conectando os itens anteriores entre si para entender como, em nosso entendimento, o Brasil possui um problema histórico em relação ao campo. Consideramos que a questão agrária brasileira é um produto social e histórico, que tem sua origem ainda na formação do território nacional, em confluência com os conflitos de classe existentes.

Após estudarmos o espaço agrário em si, no terceiro capítulo abordamos os sujeitos do campo. Como nossa abordagem tem como base a luta de classes, dividimos os sujeitos do campo em classes. Em primeiro lugar, mostramos o que faz com que o campesinato seja entendido como uma classe social do sistema capitalista. Para isso, utilizamos desde autores clássicos até os contemporâneos. Em seguida, vamos ao entendimento sobre os latifundiários, a classe dos proprietários de terra, trazida por Marx no Livro III de *O Capital*. Por fim, ainda no Capítulo 3, analisamos o papel do Estado em relação aos sujeitos do campo, pois entender o Estado e suas ações é importante para compreendermos como o campo brasileiro está, como é produzido e como é dividido.

No Capítulo 4, trabalhamos com a produção em si. "Como e o que produz o campesinato?" e "Como e o que produz o agronegócio?" são algumas das perguntas que norteiam nossa análise. Nesse sentido, buscamos entender esses processos, interligando-os ao de produção do espaço e ao modelo societário em que estamos inseridos, além de tentar compreender a economia por trás disso tudo. Nesse tema, o geógrafo agrário tem seu desafio. Normalmente, cabe ao agrônomo entender e analisar o modelo produtivo do campo, porém, é importante que entendamos também como ele ocorre. Em seus primórdios, a geografia agrária apenas descrevia a produção. Não é o que fazemos aqui. Vamos descrevê-la, sim, mas também analisar a produção, tanto em escala nacional quanto internacional. É papel do geógrafo saber que o processo produtivo é, em si, importante para os sujeitos do campo, ou seja, não devemos focar dar ênfase apenas a os conflitos, às tradições e a outros elementos, cometendo o erro de deixar de lado o espectro produtivo.

No Capítulo 5, inserimos o leitor no amplo e polêmico debate sobre os conceitos de **urbano** e **rural**. É o momento em que nos posicionamos com base em nosso método, porém, trazemos também outros entendimentos. Entender o que são o rural e o urbano e onde termina um e começa o outro é de suma importância. Para isso, todo o aparato conceitual, filosófico e filológico é algo que não deve ser deixado de lado. Outro ponto importante aqui é o debate acerca de alguns mitos. Normalmente, o senso comum vê o campo como atrasado. Com base em pesquisas e na realidade, queremos desconstruir esse preconceito contra o rural. Seja no caso dos camponeses, seja no caso do agronegócio, existem nesses sujeitos muitos elementos que são, inclusive, mais "modernos" do que os existentes no meio urbano. São apenas outros tempos e espaços, e é isso que devemos ter em mente.

Por fim, no Capítulo 6, selecionamos três temáticas que ganharam importância nos últimos anos, seja nas lutas camponesas, no Estado brasileiro ou na academia. São os considerados "temas da moda": agroecologia; povos e comunidades tradicionais; luta por terra e território. Para alguns, esses temas ainda soam estranhos ou como novidade, porém, tanto na realidade do campo quanto em políticas públicas ou mesmo em pesquisas realizadas nas universidades, vemos que tais temáticas têm importância crescente. É salutar, portanto, entender o surgimento, vieses e reflexos desses temas na realidade.

Enfim, ao longo da obra, você, leitor, entrará em contato com diversos autores e diferentes entendimentos da geografia agrária e do campo brasileiro. Verá também como o campo brasileiro é diversificado e complexo. Esperamos que, ao final da leitura, você possa refletir sobre tal temática de modo autônomo e crítico e que nossa obra auxilie na sua formação profissional e como cidadão.

Boa Leitura!

# Organização didático-pedagógica

Esta seção tem a finalidade de apresentar os recursos de aprendizagem utilizados no decorrer da obra, de modo a evidenciar os aspectos didático-pedagógicos que nortearam o planejamento do material e como o aluno/leitor pode tirar o melhor proveito dos conteúdos para seu aprendizado.

### Introdução do capítulo

Logo na abertura do capítulo, você é informado a respeito dos conteúdos que nele serão abordados, bem como dos objetivos que o autor pretende alcançar.

### Síntese

Você conta, nesta seção, com um recurso que o instigará a fazer uma reflexão sobre os conteúdos estudados, de modo a contribuir para que as conclusões a que você chegou sejam reafirmadas ou redefinidas.

## Atividades de autoavaliação

Com estas questões objetivas, você tem a oportunidade de verificar o grau de assimilação dos conceitos examinados, motivando-se a progredir em seus estudos e a se preparar para outras atividades avaliativas.

## Atividades de aprendizagem

Aqui você dispõe de questões cujo objetivo é levá-lo a analisar criticamente determinado assunto e aproximar conhecimentos teóricos e práticos.

## Bibliografia comentada

Nesta seção, você encontra comentários acerca de algumas obras de referência para o estudo dos temas examinados.

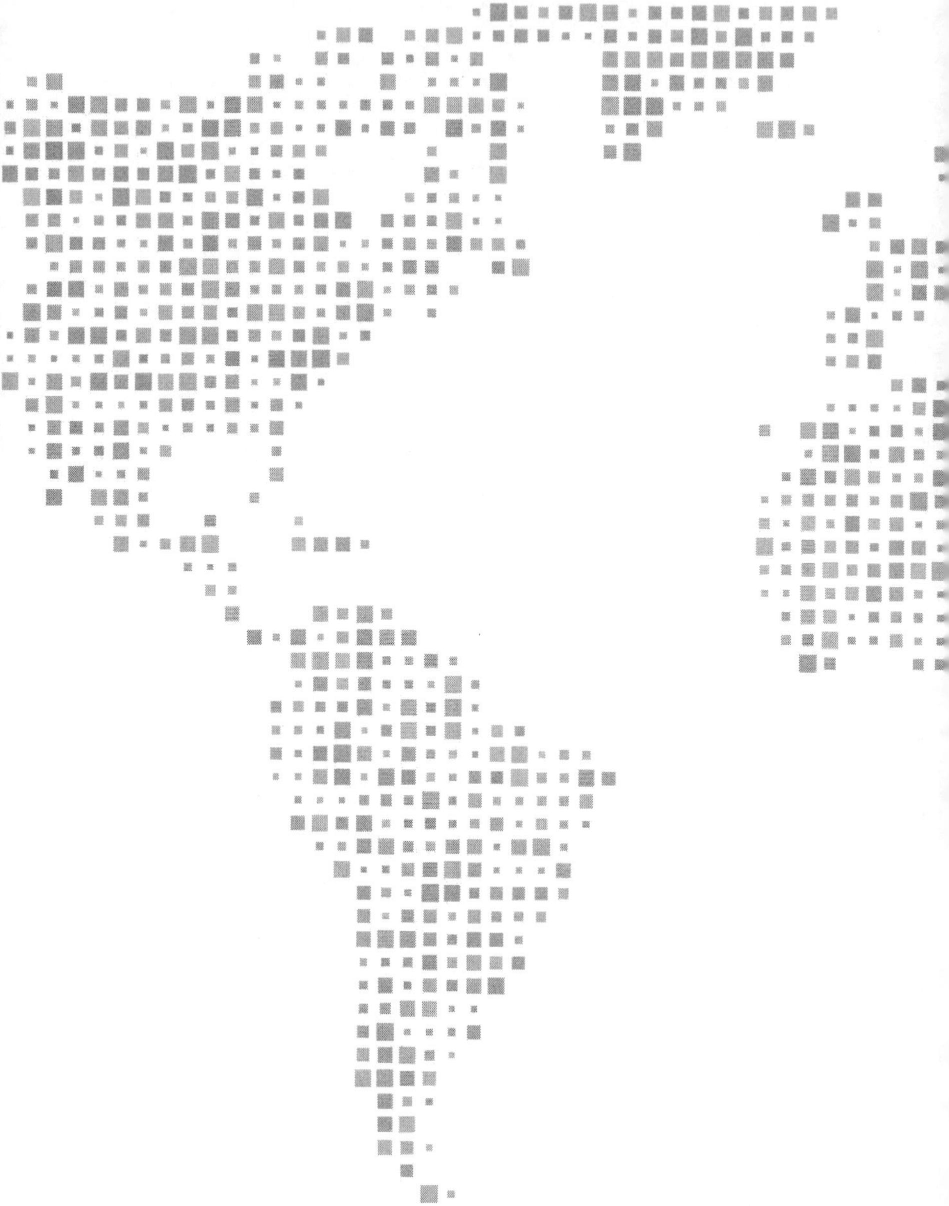

# 1
# Histórico da geografia agrária

Neste capítulo, estudaremos a **origem** e as correntes **epistemológicas** da geografia agrária. É necessário saber como a ciência geográfica se desdobrou para alcançar a profundidade e até mesmo o interesse no campo. Para tanto, precisaremos entender a origem da geografia enquanto ciência, para então falarmos sobre os estudos do campo propriamente.

Primeiro, vamos entender e analisar a origem e os primórdios dessa geografia agrária, trazendo autores e suas trilhas epistemológicas, especialmente aquelas no fim do século XIX e início do século XX. Em um segundo momento, iremos nos focar nos métodos que estiveram ou estão presentes nos estudos agrários. Isso se faz necessário porque o método de um pensador revela muito sobre o seu trabalho, visto que podemos notar, assim, até onde se pode e aonde se quer chegar. Aprenderemos também sobre a utilização do método quantitativo, o qual se preocupa com dados; e do qualitativo, que enfatiza cada sujeito entrevistado – por exemplo, conhecendo os métodos, de modo geral. Iremos ainda apresentar as correntes teóricas da geografia agrária, ou seja, os caminhos epistemológicos que certos grupos de autores seguem. Por fim, analisaremos o papel da geografia agrária na atualidade, debruçando-nos sobre os principais temas, os autores mais destacados e sua importância no cenário da ciência geográfica neste início do século XXI.

## 1.1 Os primórdios da geografia agrária

> Por que é importante tratar da história do pensamento geográfico para contextualizar a geografia agrária?

Para compreender a geografia agrária, devemos antes entender a história da geografia como um todo. Esse conhecimento se faz necessário para que você, futuro docente de geografia, possa formar seu conhecimento de maneira crítica, e também para que seja capaz de imprimir essa mesma criticidade a seu trabalho com futuros alunos.

A geografia, como ciência, se institucionalizou tardiamente em relação às outras ciências humanas. A ciência geográfica só adentrou a universidade após a unificação alemã, em 1871, e teve, desde seu início, um papel muito atrelado ao Estado. Sua função era legitimar a unificação alemã, perpassando o ideal de que o bávaro do sul, católico, poderia e deveria lutar ao lado do prussiano do norte, luterano, por um bem comum: a Nação alemã. Indo além, Capel (1981) afirma que, já na sua origem institucional, a geografia, portanto, tem caráter de análise estatista e de oficialidade, isto é, fundamenta-se em uma análise fundada em números e censos, os quais buscam o melhor controle do Estado sobre sua população. Devemos pensar, como Oliveira (2002) nos alerta, que a história do pensamento geográfico na geografia agrária não se deu de modo diferente do que ocorreu com a própria geografia. Ou seja, sua origem está atrelada fortemente ao *status* estatista, oficial e que busca uma neutralidade inalcançável, porém desejável.

E quais princípios teóricos tinha essa geografia tão ligada ao Estado? Segundo Capel (1981), podemos afirmar que o **positivismo** foi a corrente à qual a ciência geográfica se atrelou desde o início. O positivismo busca por uma ciência dita "neutra", que se pergunta sobre o "como" das coisas, e não sobre o "porquê", além de ter nas relações constantes o modo de se explicar os fenômenos. É a busca por uma verdade, e a geografia acabou, em sua formação, tendo estas características: a neutralidade e a busca por verdades absolutas.

A geografia tem, portanto, em sua origem a tentativa de entender o "como" da relação entre homem e natureza. A dicotomia presente entre esses dois elementos ainda ocorre nos dias atuais, aparecendo na divisão entre geografia física e geografia humana. Moreira (2011) discute tal divisão e apresenta os problemas por ela criados, apontando que, enquanto um lado segue os preceitos de Alexander von Humboldt, naturalista, com foco no mundo natural como ponto de partida para sua análise, o outro acaba por abraçar a construção de Carl Ritter, mais preocupado com os fenômenos da sociedade, em primeiro lugar. A geografia agrária está, também, dentro dessa disputa teórica.

Seria a parte que estuda o espaço agrário atrelada ao estudo físico ou ao estudo humano? No Brasil, temos ela muito atrelada à geografia humana, porém vemos em outros países, especialmente na Alemanha e nos países do antigo bloco comunista, a geografia agrária muito conectada à geografia física.

Compreendendo que, na origem, tudo está ainda muito raso, insípido, entendemos que nessa confusão se fizeram várias geografias agrárias. Desde a aquela mais fechada, ligada

**Figura 1.1** - Carl Ritter

Nicku/Shutterstock

A geografia tradicional, portanto, tinha em seu seio uma geografia agrícola, a qual descrevia cultivos em sua forma, quantidade, qualidade e espécie, pouco se interessando pelos sujeitos envolvidos.

à descrição e às classificações vegetais das culturas produzidas no campo, até as geografias agrárias mais livres e radicais, que queriam entender a construção do espaço geográfico. Para tanto, podemos entender que, até sua consolidação, o termo *agrária* foi muito discutido e debatido. Tivemos, de início, uma geografia agrícola, passando, aos poucos, para uma geografia agrária ou rural.

Mas qual é a diferença entre agrícola, agrário e rural? **Rural** configura tudo aquilo que não é urbano. Nesse conceito entram desde as comunidades camponesas até as agroindústrias e hidroelétricas, presentes fora do ambiente urbano. O termo **agrário** é mais atrelado à questão fundiária e produtiva. Por exemplo, é possível ter um espaço agrário nas cidades, como no caso de chácaras ou hortos comunitários, os quais são muito presentes na Europa Oriental e na Ásia Central. Por fim, **agrícola** é um termo que se refere somente à produção, deixando de lado os sujeitos, a natureza, a paisagem etc.

Como já citamos, a descrição e o positivismo foram o norte da nossa ciência em sua origem. A geografia tradicional, portanto, tinha em seu seio uma geografia agrícola, a qual descrevia cultivos em sua forma, quantidade, qualidade e espécie, pouco se interessando pelos sujeitos envolvidos. Estaria, então, conectada a uma geografia física, visto que o exame dos solos, clima, hidrografia e afins seria vital para seu entendimento. Era a busca pela descrição da paisagem agrícola em seu máximo, estabelecendo pouca ou nenhuma relação com os camponeses e outros sujeitos presentes no campo. José Alexandre Filizola Diniz, autor do livro *geografia da agricultura*, é o melhor exemplo desse tipo de cientista. Podemos entender que, de certa forma, a engenharia agronômica, nos dias atuais, pode fazer algo semelhante em algumas de suas análises e modelos de trabalho.

Devemos, entretanto, destacar que estudos agrários críticos também se desenvolveram dentro da geografia em seus primórdios, com destaque para o geógrafo anarquista Eliseé Réclus, que, com seu método dialético, buscou desvendar e analisar os problemas sociais existentes no campo, tanto produtivos quanto humanos. Por exemplo, o autor analisava desde os aspectos e os motivos da pobreza campesina até os problemas e o movimento paradoxal provocado pelo fato de uma família camponesa produzir culturas para exportação ou venda na cidade, sendo muito produtiva, e mesmo assim apresentar dificuldades para ter uma alimentação digna.

Esse é o panorama de nossa ciência até o início do século XX. Esse retrato expressa bem a condição em que a ciência geográfica se encontrava: um pensar positivista, que buscava entender o mundo através de formulações de leis imutáveis, inspiradas nas leis naturais – e que, no caso da geografia, tinha um caráter descritivo, pouco examinador e nada crítico.

Por volta de 1900, ocorreu a primeira mudança na geografia de modo geral, e também no seu viés agrário. Se antes a tônica era a análise com base no empirismo lógico (positivismo), agora o historicismo e a filosofia idealista de **Georg Hegel** ganhavam força com o trabalho do geógrafo francês Paul Vidal de La Blache.

Nessa corrente, vemos uma separação mais clara entre as ciências da natureza e as da sociedade. Presencia-se também uma evolução histórica das sociedades como um todo. La Blache e outros geógrafos franceses acabaram por ser vitais para o desenvolvimento da geografia agrária, uma vez que buscavam descrever e analisar o desenvolvimento da paisagem francesa, a qual era, predominantemente, agrária. Dessa forma, foram promovidos grandes estudos sobre a evolução do campo francês. No Brasil, como cita Oliveira (2002), Orlando Valverde foi o grande expoente dessa corrente, demarcando os estudos a partir de um método que guardava dentro de si a busca incessante pelo **ideal** no campo brasileiro. Cabe destacar que, apesar de fazer uma ciência idealista, Valverde era, no campo político, um marxista, comprometido com a transformação da sociedade, diferentemente de seu trabalho, o qual ainda era muito atrelado a um método idealista.

Como já citamos, a dialética estava presente desde o princípio da institucionalização da geografia enquanto ciência, contudo ficou encapsulada dentro do movimento anarquista – especialmente na figura do geógrafo Eliseé Réclus, mas também na de outro geógrafo anarquista, Piotr Kropotkin (Oliveira, 2002). Apenas nas décadas de 1930 e 1940 é que o método materialista retorna à ciência geográfica, desta vez através de geógrafos franceses como Pierre George, Bernand Kayser, Jean Dresch e Yves Lacoste, com os dois primeiros tendo papel importante dentro dos estudos agrários.

Tem início, então, uma disputa epistemológica (Oliveira, 2002), por meio da qual geógrafos de cunho marxista buscam desmascarar a ideia de que há uma ciência neutra, objetiva, com regras claras – ideia presente no positivismo e em seu empirismo lógico, bem como no historicismo idealista. No Brasil, estudiosos do tema têm destaque nessa disputa, como Manuel Correia de Andrade, Léa Goldstein, Pasquale Petrone e Manuel Seabra. Podemos dizer, com base em Ariovaldo Oliveira (2002) e em conjunto com a geografia urbana, que a geografia agrária foi a vertente da ciência geográfica que mais rapidamente absorveu a dialética enquanto método, que mais cedo se tornou crítica e que até os dias atuais permanece na vanguarda deste modo crítico de se pensar. Apesar de existirem, dentro dessa vertente, grandes diferenças de um pensador para outro, o caráter de pesquisar-se a mudança social se mostra forte. Ressaltamos que, desde seus primórdios, os estudos sobre o campo estiveram presentes na geografia. Apesar de ter se modificado tanto em seu foco quanto em métodos, práticas e objetos de estudo, devemos entender que a geografia agrária é essencial para a compreensão do Brasil. Devemos destacar e entender que, como um todo, nossa ciência teve um desenrolar diverso e difuso.

Os estudos agrários mantiveram sua importância especialmente na geografia brasileira e latino-americana, sendo que nos países europeus e nos EUA são de responsabilidade da sociologia e da antropologia. Ainda que na origem isso não ocorresse, os estudos estão cada vez mais interdisciplinares, como veremos adiante.

Retornando aos primórdios, cabe destacar então dois exemplos da geografia agrária: o primeiro, de cunho historicista, de base francesa, e o segundo de cunho dialético, com origem também na França. Devemos sempre entender que a ciência como um todo está em constante mudança, transformação e construção. Discordar cientificamente, filosoficamente ou até mesmo politicamente de um autor não é motivo para não se ter respeito pelo seu trabalho ou deixar de ler suas contribuições. Mesmo com suas limitações, entender e conhecer a geografia agrária que podemos chamar de *clássica* se faz importante e vital para seguirmos com a construção do pensamento crítico e autônomo. Outro fato importante é entendermos que a matriz francesa da ciência humana, no Brasil, influenciou e ainda influencia o pensamento acadêmico, o que faz com que seja necessário retornar aos clássicos para que seja possível entender o momento atual dessas ciências – isto é, não só da geografia, mas também da sociologia, antropologia, história e ciência política (Oliveira, 2002).

Em primeiro lugar, devemos apresentar o viés historicista. A entrada do historicismo em nosso país se dá antes da dialética, pois foram os pensadores dessa corrente que fundaram os dois primeiros cursos de geografia do Brasil: primeiramente na Universidade de São Paulo (USP), em 1934, e no ano seguinte na então Universidade do Brasil (hoje Universidade Federal do Rio de Janeiro). Pierre Deffontaines e Pierre George foram professores na USP e deixaram suas marcas no início da geografia no país.

Na geografia agrária grandes estudos foram feitos, analisando-se especialmente o interior do Brasil e sua situação. Nota-se que não foi feita uma análise profunda dos problemas nacionais em relação ao campo, mas sim um apanhado de sua situação. Embora iniciais, tais estudos serviram de base para futuras análises críticas que viriam a trabalhar com os sujeitos camponeses e outros sujeitos do campo, uma vez que, graças a esses levantamentos, obteve-se uma base de dados considerável sobre o que era produzido no campo, em que quantidade e para onde ia tal produção. Sem isso, haveria grandes dificuldades em se construir uma análise crítica do espaço agrário. Ressaltamos inclusive que o grande pensador da geografia agrária no Brasil, Ariovaldo Umbelino de Oliveira, foi orientado pelo professor Orlando Valverde, que tinha em sua prática acadêmica um viés não crítico, diferentemente de sua prática política. Na época, muito se discutia a questão produtiva do campo nacional, mas não se trabalhava com os sujeitos do campo, seus conflitos etc. Isso se dava essencialmente por uma questão metodológica, que dava ênfase à paisagem, e não ao espaço geográfico.

A dialética e seu entendimento marxista[i] retornam já nos anos 1940, mas ganham musculatura para se firmar como principal corrente da geografia somente após 1978. A dialética ficou esquecida na geografia quando Eliseé Réclus e Piotr Kropotkin eram seus principais expoentes, como foi dito, e retornou na década de 1940 na França. No viés agrário, Rosa Ester Rossini, Regina Sader, Ariovaldo Umbelino de Oliveira e Iraci Palheta são considerados os precursores de tal movimento, o qual tem como foco de análise a transformação da sociedade e o estudo dos sujeitos, bem como sua construção do espaço geográfico.

Em suma, podemos chegar às seguintes conclusões:

» A geografia agrária não pode ser historicamente entendida sem antes entendermos e analisarmos a ciência geográfica como um todo.
» As mudanças de paradigmas filosóficos se fizeram e ainda se fazem presentes no viés agrário da geografia.
» Três métodos se fazem presentes nos primórdios da geografia agrária: o empirismo lógico (positivista, da geografia clássica), o historicismo (idealista) e o materialismo dialético (marxista, um embrião da geografia crítica).

---

i. Veremos, mais adiante, o que vem a ser a dialética materialista histórica. Contudo, destacamos desde já que tal método consiste na criação de contradições: um elemento colocado em contradição com outro para que se chegue a uma explicação final. É a famosa formulação "tese - antítese - síntese".

## 1.2 Os métodos da geografia agrária

Temos que ter sempre em mente que o método é central para a análise. Já vimos como três métodos se fizeram presentes desde os primórdios da geografia e em especial na geografia agrária, mas cabe agora conhecermos e analisarmos tais métodos de forma aprofundada.

Não obstante, temos que levar em conta o ponto central do método: é ele que dá credibilidade e paridade para analisarmos os elementos, dentro de qualquer ciência. Indo além, podemos afirmar que, dentro das ciências humanas, seu uso representa a possibilidade de construir, dentro dessas ciências, um estatuto científico próprio, como Moreira (2011) destaca. De início, temos o positivismo (por meio do determinismo geográfico) e o historicismo (com o possibilismo) como correntes de método dentro da geografia como um todo. Cabe ressaltar, como já trabalhamos, que o ramo agrário da geografia se utiliza destes métodos desde seu início, não entrando no enquadramento metodológico da geografia física.

O método é o modo de se articular a razão, é a construção e ferramenta para se ter uma ciência cujo objetivo final seja alcançado de modo coeso. Relembrando: na geografia e na geografia agrária, o positivismo e o historicismo são as primeiras vertentes metodológicas utilizadas. Vamos a elas.

Oliveira (2002) nos ensina que o positivismo tem a ideia de que a sociedade é regida por leis naturais. Logo, entre a humanidade existiria uma lei harmoniosa dada naturalmente. Portanto, para os positivistas, os estudos da sociedade podem ser entendidos por e a partir de elementos das ciências biológicas.

Neste ponto, temos o que é conhecido hoje como **darwinismo social,** que pensa os seres humanos e todas suas construções, sejam econômicas, sociais, culturais, políticas, geográficas ou históricas como produtos de algo natural e que está em constante **evolução.** Mas por que esse termo? Porque o fato de a sociedade ser regida por leis naturais vai ao encontro da teoria da evolução de Darwin, a qual postula que a vida está em constante evolução, sendo que os mais fortes sobrevivem e não há ser vivo que aja de modo "mau". Por exemplo, o leão mata, pois lhe é natural e necessário à sobrevivência; logo, transpondo esse raciocínio para a sociedade, existiriam, por exemplo, os mais ricos e os mais pobres, pois isso seria natural. Trazendo para a geografia agrária, um exemplo seria o de que há fome no mundo

O positivismo é o primeiro resultado da revolução burguesa de 1789 (Revolução Francesa) no âmbito do conhecimento humano, nascendo antiabsolutista e com o desejo de destruir todo e qualquer vestígio do feudalismo.

porque não há espaço suficiente para o cultivo de alimentos para toda a população (o que, contudo, sabemos não ser verdade).

Esse raciocínio leva a outra característica primordial do positivismo: a neutralidade axiológica (verdade indiscutível). Como resultado dessa neutralidade, há uma negação do condicionamento histórico-social. Como citamos no parágrafo anterior, os positivistas acreditam na naturalização das desigualdades da sociedade, haja vista sua conexão com o darwinismo social. Indo além, podemos dizer que a base doutrinária da objetividade e da neutralidade são os guias desse método positivista.

Como já aprendemos, o positivismo é o primeiro resultado da revolução burguesa de 1789 (Revolução Francesa) no âmbito do conhecimento humano, nascendo antiabsolutista e com o desejo de destruir todo e qualquer vestígio do feudalismo. Vamos lembrar, então, que o feudalismo tinha na Igreja e nas passagens de poder hereditárias uma de suas características vitais. Logo, é compreensível que os postulados da burguesia sejam totalmente contrários a essa linha. Troca-se a vontade de Deus pela razão, os benefícios divinos da nobreza e da realeza pela neutralidade científica. O principal pensador do positivismo é Auguste Comte. Sua metodologia está pautada na neutralidade e objetividade, considerando que o **objeto** atua, interfere e molda de modo constante o **sujeito**. O início do pensamento se dá com a realidade prática, a **empiria**. Essa realidade condiciona o modo de se pensar. Consequentemente, sendo o modo de pensar modificado pela realidade, temos, por fim, como ciência, uma apresentação da realidade, agora de modo descritivo e analítico. A Figura 1.2 ilustra como se dá o pensamento positivista.

**Figura 1.2** – Esquema do pensamento positivista

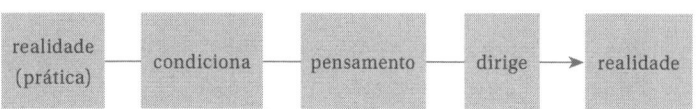

Fonte: Oliveira (2002).

Na geografia, temos esse processo, representado pela imagem, transposto para o que chamamos de **determinismo geográfico**, que entende o ser humano como "filho" de seu meio. Por exemplo, justificava-se que os povos de locais de clima frio seriam trabalhadores porque não há, na natureza, tudo o que eles precisam, enquanto os povos de clima quente seriam pouco aptos a trabalhar, pois tudo encontram na natureza. Tal ideal norteou o imperialismo europeu sobre os povos do globo, especialmente da África, nos fins do século XIX e início do XX, uma vez que caberia ao europeu o papel de civilizar tais povos.

Enquanto na geografia o conceito-base é o de *paisagem*, na geografia agrária se busca entender o **quanto** e **como** os elementos produtivos agrícolas atuam na paisagem agrícola – o que Oliveira (2002) reconhece como uma geografia agrária estatística. O principal e mais forte geógrafo agrário da corrente positivista foi o francês Pierre George, o qual elaborou estudos baseados em análise estatística sobre onde se produzia e como se produzia, quais os gêneros produzidos etc.

Apesar de ter em Comte, francês, seu maior expoente, o positivismo e sua influência foram mais significativos na Inglaterra, devido a Darwin, que acabou servindo de base para as ciências humanas – ciências estas que transportaram o evolucionismo da biologia do pensador e o adaptaram para um evolucionismo social naturalizado. A resposta alemã a essa corrente veio com o historicismo, que na geografia se transveste como possibilismo (Oliveira, 2002).

A premissa do possibilismo é a de que todo fenômeno é histórico e, portanto, somente pode ser compreendido na história e a partir da história, havendo uma diferença entre os fatos naturais e os fatos sociais. Nesse ponto, a diferença do possibilismo em relação ao positivismo é abissal, visto que nega a naturalização dos fatos sociais.

Como afirma Oliveira (2002), o historicismo tem no alemão Dilthey sua origem e acaba trazendo um movimento de método um pouco diferenciado do positivismo. Esse movimento metodológico tem início no pensamento, que elabora o conhecimento sobre o prático, sobre a realidade. Ou seja: primeiro se pensa, criam-se hipóteses, para depois se chegar à realidade, tentando encaixar nela o pensamento hipotético. Esse conhecimento prático, então, informa o pensamento inicial, agora já reconstruído. A Figura 1.3 ilustra essa ideia.

**Figura 1.3** - Esquema do pensamento historicista

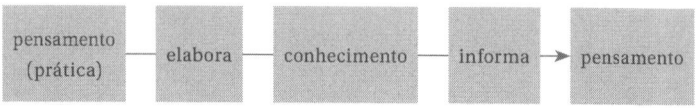

Fonte: Oliveira (2002).

Note como existe uma grande diferença entre as formas de pensar do historicismo e do positivismo. Enquanto o positivismo começa sua reflexão na prática, na empiria, para depois buscar os elementos estatísticos e naturais que condicionariam e dirigiriam tal realidade, no historicismo o princípio da reflexão ocorre pelo pensamento (Oliveira, 2002). Mas por que existe tal diferença?

Devemos compreender que o positivismo, apesar de ter no fundador da sociologia, Auguste Comte, seu maior expoente, recebe grande influência das ciências naturais, especialmente a partir de Charles Darwin e da Teoria da Evolução. A filosofia, o pensar, é deixada de lado em favor da prática. Já o historicismo tem a filosofia como seu principal pilar. É no **idealismo** de Hegel que ela busca seu referencial. Apesar de não se utilizar do método hegeliano de modo puro – ou seja, da dialética de Hegel –, o historicismo desenvolve seu movimento metodológico do mesmo modo que o pensador alemão desenvolvia seu raciocínio: partindo do pensamento, do ideal, e não da prática, do real. Apesar disso, o **objeto** é que age sobre o **sujeito**, assim como no idealismo. Entretanto, o objeto trabalhado surge primeiramente no pensamento, ou seja, é um objeto idealizado e não real.

Na geografia agrária, Pierre Deffontaines tem importância vital para o possibilismo. Seu trabalho pautou os estudos a partir do conceito de região, uma vez que considerava o conceito de paisagem (tão caro aos positivistas) muito atrelado às ciências naturais, necessitando-se então de um conceito que melhor se enquadrasse nas ciências sociais, no caso **região**. Cabe ressaltar que, como vimos anteriormente, Paul Vidal de La Blache foi o principal geógrafo do possibilismo e foi responsável por trazer o conceito de *região* (Moreira, 2011) para dentro da geografia.

Com base nessas duas correntes iniciais (positivismo e possibilismo), podemos traçar o seguinte modelo de entendimento: filosoficamente, o positivismo na geografia é representado pela figura do determinismo geográfico, enquanto o historicismo é representado pelo possibilismo.

Ainda no ramo agrário, no Brasil teve grande importância o estudo da relação entre a paisagem agrícola ou fisiográfica e a situação da região. O estudo objetivava a busca da relação do meio físico e dos sistemas agrícolas com a região em que era realizada a pesquisa. É a essência de outra ideia de La Blache: os estudos monográficos, nos quais a região deve ser dissecada em todos os seus aspectos – porém, sem buscar nesse estudo as relações entre regiões.

Outro geógrafo importante para o possibilismo foi Léo Weibel, que buscava entender as regiões produtivas do meio agrário brasileiro, especialmente as do Sudeste, analisando-as a partir de um ideal produtivo não existente, mas que deveria ser o norte para os investimentos do Estado brasileiro.

Weibel tinha seu norte na construção da realidade partindo do plano ideal, acreditando que a história fosse única e regional, não sendo possível, assim, traçar uma história geral do mundo, assim como concluíram outros historicistas. De certo modo, o que cabia à geografia agrária, a partir do método possibilista, era produzir informações sobre a situação das regiões agrícolas, sua produção, suas práticas e como elas deveriam ocorrer na realidade (ou melhor, como deveriam ser idealmente). Apesar de estarem presentes já na origem da geografia, o idealismo e suas ramificações ainda têm importância vital para a geografia e também para a geografia agrária, como veremos futuramente (Oliveira, 2002).

Um método muito presente na geografia como um todo, mas pouco utilizado na geografia agrária, é o da fenomenologia. Baseado no filósofo Edmund Husserl, esse conceito tem como premissa a busca incessante pela essência das coisas, dos fenômenos sociais. Diferencia-se do positivismo e do historicismo por inverter a lógica objeto-sujeito, cabendo ao sujeito a explicação dos fenômenos, e não sobre o objeto (Oliveira, 2002).

Uma vez que estuda os fenômenos, a fenomenologia é também idealista, assim como o possibilismo. Tanto que, para alguns pensadores, como Oliveira (2002), ela pode ser entendida como um método *neoidealista* e *neohistoricista*. O foco de análise, atualmente, são os fenômenos naturais, de forma a trazer para a geografia agrária a visão dos sujeitos do campo em sua cultura.

> Um método muito presente na geografia como um todo, mas pouco utilizado na geografia agrária, é o da fenomenologia. Baseado no filósofo Edmund Husserl, esse conceito tem como premissa a busca incessante pela essência das coisas, dos fenômenos sociais.

Como resposta ao positivismo e ao historicismo, a dialética vai ganhando papel de destaque na geografia. Como já citamos, ela tem influência vital dentro dos estudos geográficos, especialmente dentro da geografia urbana e da agrária, sendo que na agrária a dialética é o principal método utilizado.

No entanto, devemos pontuar que a dialética não nasce no marxismo. O método dialético esteve constantemente atrelado à filosofia, tendo início ainda na Grécia Antiga e sendo amplamente divulgado por Platão e Aristóteles. Foi posteriormente aprofundado e melhor definido por Hegel, o qual, com seus estudos, construiu solidamente a dialética dentro da filosofia, e somente após isso trabalhado por Marx. É essa última dialética, a materialista, que a geografia agrária utiliza em seus estudos: uma dialética que parte da realidade, do material, para somente depois seguir para a teoria e chegar à *práxis*, que vem a ser a junção da prática com a teoria.

O ponto de partida do uso da dialética na geografia se deu com Réclus e Kropotkin, que analisavam o quadro natural, somando a ele a análise dos grupos humanos e suas formas de condução da vida, organização e produção do território. A base da discussão são o espaço e o território. Enquanto o positivismo tinha a paisagem como conceito-chave ligado às ciências naturais, para os dialéticos esse papel é ocupado pelo **espaço geográfico** e pelo território. Mas qual o motivo desses conceitos, o espaço e o território, serem o cerne do método dialético?

Tanto o espaço geográfico quanto o território são produzidos pelo homem em relação dialética e material, ou seja, o ser humano transforma a natureza, que por fim o influencia, dando-se assim um desenrolar contínuo, conhecido como a espiral da dialética materialista. Esse movimento ocorre da forma como podemos observar no esquema a seguir:

**Figura 1.4** – Esquema do pensamento dialético

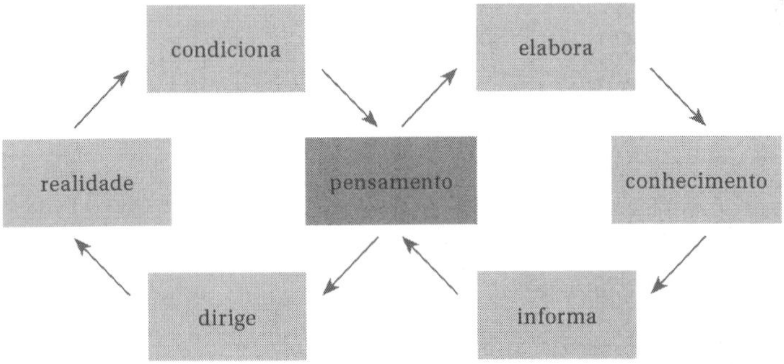

realidade → condiciona → pensamento → elabora → conhecimento
conhecimento → informa → pensamento → dirige → realidade

Fonte: Oliveira, 2002.

Você notou como esse movimento é mais complexo que os anteriores? Para que você possa melhor compreendê-lo, vamos explicá-lo. Esse movimento tem início na realidade, na prática, partindo de uma dialética **materialista** (não idealista, pois ela começa no material, no real). Tal realidade condiciona o pensamento, ou seja, da realidade surgem possibilidades de pensar. Por meio desse pensamento (chamado **práxis**), em conjunto com a realidade, elabora-se o conhecimento. A partir desse ponto, o conhecimento informa e modifica o modo de se pensar, que por sua vez vai dirigir a realidade, buscando modificá-la – é o movimento de **tese**, **antítese** e **síntese**, o qual não tem fim.

**Figura 1.5** – Resumo do esquema de pensamento dialético

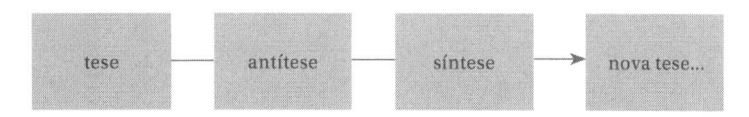

| tese | antítese | síntese | nova tese... |

Fonte: Oliveira, 2002.

O movimento da realidade se explica pelo antagonismo e a contradição. Primeiro identifica-se a questão (tese), para então negá-la com o pensamento (antítese) e, por fim, nega-se a negação, a antítese, em movimento cíclico e espiral que nunca se encerra.

Para tanto, quatro postulados se fazem essenciais para a dialética materialista:

1. Conexão universal entre os fenômenos (totalidade das coisas).
2. Transformação constante de tudo (princípio do movimento).
3. Unidade e luta de contrários (contradição) – por exemplo campesinato × latifundiário (dono da propriedade privada) e capitalista (empresário).
4. Transformações quantitativas e qualitativas.

Tendo em vista tais postulados, podemos entender o próximo elemento da dialética: sua historicidade. A dialética da natureza seria **objetiva**, independente da ação do homem – como pode ser visto no fato de que, se uma pessoa não se alimenta, ela acaba por morrer; sem oxigênio não há vida humana etc. A dialética da história, da sociedade, é a produção da ação das classes sociais da sociedade, sendo portanto objetiva, mas também subjetiva. Por fim, há a dialética do conhecimento, a qual se dá na relação inseparável entre sujeito e objeto, resultado de uma interação constante entre os objetos a serem conhecidos e a ação dos sujeitos que procuram conhecê-los. O grande expoente da dialética do conhecimento é o pensador Caio Prado Júnior, que teve influência e presença na geografia, em especial no seu ramo agrário – tanto com suas obras intelectuais quanto políticas, como a fundação Associação dos Geógrafos Brasileiros (AGB).

Portanto, como citamos, a relação entre sujeito e objeto ocorre de modo interligado, existindo uma interação de ambos. As categorias da dialética materialista e histórica são muitas, e sem elas não é possível compreender sua total extensão. Elas são as seguintes:

» sujeito e objeto;
» teoria e prática;
» realidade e possibilidade;
» causalidade e necessidade;
» forma e conteúdo;
» essência e aparência;
» causa e efeito;
» geral e particular;
» espaço e tempo.

A última categoria é vital para o entendimento da geografia. A relação entre espaço e tempo é constante e dialética. Assim, podemos considerar que os geógrafos dialéticos buscam a modificação da realidade pela compreensão e análise do espaço e do território, por meio de suas contradições e diferenças. Cabe ressaltar que tal corrente é a mais cara à geografia agrária, portanto são vários os geógrafos que, trabalhando nela, ganharam destaque e importância. Ariovaldo Umbelino de Oliveira, citado anteriormente, teve papel central na solidificação da dialética materialista como método na geografia agrária. Merecem destaque, também, Armem Mamigonian, Rosa Ester Rossini e Ruy Moreira, entre outros.

Apresentados esses conceitos, podemos enfim tratar das correntes teóricas da geografia agrária. Apesar de existir um domínio da geografia crítica, que é em sua maioria baseada no método materialista dialético (e, portanto, marxista), devemos observar que existem outras correntes e que, mesmo dentro do marxismo, existem diferentes possibilidades que permitem entender o espaço agrário, seus sujeitos e seus conflitos.

## 1.3 As correntes teóricas da geografia agrária

Antes de começarmos a analisar e compreender as correntes teóricas da geografia agrária, devemos analisar a situação em que se encontra esse ramo de nossa ciência.

Devemos entender que a geografia agrária não está isolada dos outros ramos das ciências que também buscam compreender e analisar o espaço agrário, como a antropologia rural, a sociologia rural, a economia agrária, a política rural, a filosofia agrarista e a história do campo, que são ramos de outras ciências que vão ao encontro da geografia agrária. Portanto, temos que pensar sempre da seguinte maneira: *não podemos isolar uma ciência do todo*. Logo, pensando em nosso caso, temos a dialética materialista como método predominante. A geografia crítica se faz presente, então, como meio igualmente predominante, apesar de existirem algumas diferenças teóricas dentro dela, como veremos em breve. Todavia, não devemos ignorar e desprezar outras correntes presentes na geografia agrária. Ainda que não tenham força tão expressiva, elas são, no todo das ciências sociais que pesquisam o setor agrário, igualmente fortes e importantes.

A sociologia rural é, no restante do globo, a maior expressão das pesquisas sobre o espaço agrário. Nascida nos EUA no fim do século XIX, foi até meados dos anos 1950 a maior e mais pujante área da sociologia estadunidense (Nelson, 1969). Na América Latina e Europa, por sua vez, segue sendo a principal vertente que estuda o espaço agrário, deixando esse papel para a antropologia rural, nos EUA, e para a geografia agrária no Brasil. Dentro desse ramo, ganha destaque a corrente **weberiana,** que se pauta no idealismo renovado de Max Weber, o qual busca entender os tipos ideais, buscando sempre a compreensão e a explicação dos fatos com base filosófica muito bem inserida nas obras de Kant, Hegel e Delthey. É partindo dessa corrente que temos o principal embate para o entendimento do nosso campo de estudo, ou seja, o debate entre os weberianos e marxistas.

> Devemos entender que a geografia agrária não está isolada dos outros ramos das ciências que também buscam compreender e analisar o espaço agrário, como a antropologia rural, a sociologia rural, a economia agrária, a política rural, a filosofia agrarista e a história do campo, que são ramos de outras ciências que vão ao encontro da geografia agrária.

**Figura 1.6** - Divergências entre os pensadores historicistas e marxistas

marxismo
questão agrária
Marx

historicismo
reforma agrária
Weber

Atuando como antagonistas, tais correntes acabam por ter visões muito diferenciadas sobre o campo. Contudo, ambas estabelecem as relações como foco de estudo, que podem ocorrer tanto nos conflitos do campo quanto com os sujeitos e seus problemas. Os estudos agrários, em sua maioria, são críticos e marxistas (exceção dada à economia, com forte presença de neoclássicos). Dessa forma, vamos buscar analisar mais profundamente o marxismo.

Devemos entender que há uma grande diversidade dentro da geografia crítica e que existem três correntes de pensamento que partem da dialética materialista para compreender o espaço agrário. Elas têm em comum, além de seu método e tudo o que está atrelado a ele, a compreensão de que existe uma expansão e um desenvolvimento do modo capitalista de produção no campo. De modo geral, as correntes se dividem da seguinte forma:

1. A permanência das relações feudais no campo – que baseia seu pensamento no pensador alemão Karl Kautsky.
2. A destruição dos camponeses e latifundiários pela expansão do capitalismo no campo – tendo Vladimir Lenin como seu norteador.
3. A noção de que ocorre a criação e recriação do campesinato e do latifúndio dentro do capitalismo – sendo Rosa Luxemburgo a base da construção desse modo de pensar.

Note que, nas primeiras duas correntes, não existe lugar para o camponês, ou seja, tanto no capitalismo quanto no socialismo o campesinato seria extinto, pois é considerado um resquício do passado. Já a terceira linha de raciocínio acredita que o camponês não somente se faz presente como é criado no próprio capitalismo, e logo não é uma "sobra" de um antigo modo de produção. Tais correntes merecem, agora, ser melhor analisadas e explicadas.

A primeira corrente, atrelada a Karl Kautsky, a partir de sua obra *A questão agrária* (1888), tem seu ponto de partida no conceito de que tanto no Brasil como no restante do mundo existiram relações feudais ou semifeudais de produção. O latifundiário e o camponês seriam a evidência da permanência dessas relações. Tal corrente defende que o campesinato tem papel importante na construção e na modificação da sociedade, contudo esse papel é transitório, estando essa classe fadada ao fim. Porém, qual é o papel dos camponeses? Haveria necessidade de uma reforma agrária para destruir o latifúndio. Ganhando a terra, os camponeses se veriam frente a relações de mercado e, então, iriam à falência e, consequentemente, chegaria seu fim.

Figura 1.7 - Karl Kautsky
Library Of Congress / Science Photo Library / Fotoarena

Cabe ressaltar que, em qualquer uma das três correntes, devemos sempre buscar e analisar as contradições centrais. Lembre-se de que o método dialético trabalha com antagonismos e contradições, como já vimos anteriormente. Logo, nessa corrente a relação contraditória central é simples, como se pode observar na Figura 1.8.

**Figura 1.8** – Capital × trabalho

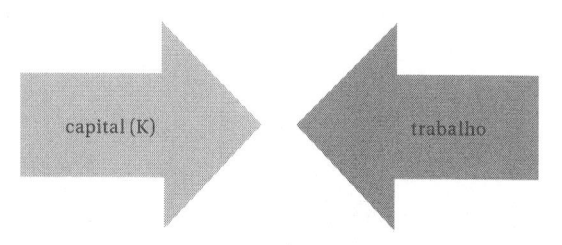

capital (K) → ← trabalho

Fonte: Oliveira, 2002.

A contradição-chave se refere ao capital (abreviado aqui como K, para melhor representá-lo em termos econômicos) e o trabalho, sendo que o trabalhador e o capitalista são sempre antagonistas. Considera-se que o conflito central se dá entre as duas classes sociais, entendidas aqui como centrais e únicas: a burguesia e a classe trabalhadora.

Além dessa dualidade, outra contradição também entendida como central é aquela que envolve o **setor urbano** e o **setor rural**. O primeiro é entendido como o setor industrial capitalista avançado, da cidade, enquanto o segundo é um setor feudal ou semifeudal, pré-capitalista, atrasado e fixo no campo. A tese central é de que há uma penetração das relações capitalistas no campo, que tende a sobrepujar as características rurais.

O Brasil estaria então se desenvolvendo do ponto de vista do campo, uma vez que o agronegócio avança sobre o espaço agrário e o transforma com a lógica capitalista. O campesinato viria a desaparecer, migrando para as cidades e se proletarizando, enquanto os membros do latifúndio se tornariam empresários rurais. Contudo, não foi isso o que ocorreu. Alberto Passos Guimarães e Ignácio Rangel, apesar de não serem geógrafos, são os maiores pontos de referência para a geografia agrária que segue tal paradigma.

Com base na obra de **Vladimir Lenin** de 1905, *O desenvolvimento do capitalismo na Rússia*, Guimarães e Rangel partem da máxima de que o campesinato seria uma espécie de resíduo pré-capitalista. Notemos que aqui não se considera o campesinato como resíduo do feudalismo, mas sim como resquício do passado. Assim, considera-se o camponês como um sujeito social ainda presente, mas que não tem origem feudal, e sim anterior ao presente.

**Figura 1.9** – Vladimir Lenin

Ian Dagnall/Alamy/Fotoarena

Como cita Oliveira (2002), a maior parte dos trabalhos em geografia agrária tem por base o pensamento de Lenin, especialmente aqueles ligados de alguma forma à Universidade Estadual Paulista Júlio de Mesquita Filho (Unesp) de Rio Claro e à Universidade Federal do Rio de Janeiro (UFRJ). Entre estes, o trabalho de Ruy Moreira, professor convidado da Universidade do Estado do Rio de Janeiro (UERJ) e aposentado da Universidade Federal Fluminense (UFF), o mais significativo.

A tese central é de que a expansão do capitalismo no campo findaria com as relações não capitalistas, ou seja, as não assalariadas, permanecendo e ganhando força somente as relações assalariadas. Logo, o campesinato viria a se tornar proletário.

A dualidade aqui presente é semelhante à anterior, ou seja, a dualidade entre capital e trabalho, sendo que apenas por meio dessa relação poderia ocorrer o conflito de classes evidente do modo de produção capitalista. A corrente leninista na geografia agrária, como já citamos, é muito grande e tem seus expoentes em Ruy Moreira e seus orientados, além do economista Ricardo

Abramovay e do agrônomo José Graziano da Silva, dois grandes intelectuais de nosso país.

As duas correntes apresentadas até aqui (a da permanência das relações feudais no campo e a da destruição dos camponeses e latifundiários) têm muito em comum, mas cabe considerar que a segunda é uma atualização da primeira, ou seja, uma leitura e uma ampliação do pensar de Kautsky feita por Lenin. Oliveira (2002, p. 71) faz uma interessante leitura sobre essas correntes:

> a sociedade capitalista é pensada por esses autores como sendo composta por apenas duas classes sociais: a burguesia (os capitalistas) e o proletariado (os trabalhadores assalariados). É por isso que muitos autores e mesmo partidos políticos não assumem a defesa dos camponeses. Alguns acham mesmo que os camponeses são reacionários, que "sempre ficam do lado dos latifundiarios" etc. Se isso realmente ocorre, é preciso compreender o que está acontecendo com essa classe social. Certamente, os camponeses, não têm encontrado respaldo político nesses partidos; aliás eles "não fazem parte da sociedade", para esses autores e partidos.

No entanto, afinal, qual é a importância dessa diferenciação existente dentro das correntes? Ainda que não tenhamos visto a terceira e última vertente dentro do marxismo, cabe ressaltar que, como lemos no excerto de Oliveira, os pensamentos derivados das correntes de Lenin e Kautsky vão para a prática. A segunda corrente, que se baseia em Lenin, foi aquela aplicada na extinta União Soviética. Lá, os camponeses foram forçados a se assalariar, perdendo suas terras e sendo obrigados a trabalhar em cooperativas estatais, ou a migrar para as cidades a fim de se tornarem operários.

A geografia agrária brasileira inspirou-se nessa conjuntura e prática, acabando por influenciar toda a esquerda nacional – que continua tendo diversas ressalvas com o campesinato. Contudo, a luta do campesinato é para permanecer na terra, fato que tais correntes não conseguiram compreender. É nesse contexto que a terceira corrente se constrói e se firma, expandindo sua influência para a geografia agrária.

A terceira corrente considera que o desenvolvimento do capitalismo no campo é contraditório e combinado. Assim, por ser contraditório, ele cria situações tanto de assalariamento quanto de criação, manutenção e recriação do campesinato, tudo isso combinado, ou seja, intencional por parte da expansão do capital (Smith, 1988).

Assim, a compreensão é de que tanto o campesinato quanto o latifúndio não são resíduos, mas sim produtos do modo de produção capitalista, podendo também surgir dentro dele. A dualidade capital-trabalho não serve para resolver a problemática aqui. Cria-se uma tríade de sustentação e conflito dentro do capitalismo: a questão entre terra, capital e trabalho.

A terra, aqui, pode pertencer tanto ao latifundiário quanto ao camponês, elementos vitais para o capital. Mas por quê? Aqui, chegamos também à autora-chave dessa corrente: **Rosa Luxemburgo**. Ela postula que o capitalismo somente cria capital a partir de relações de produção não capitalista. Ou seja a origem do capital se dá a partir da formulação "M – D – M", em que M é mercadoria e D é dinheiro. O início do processo, vale lembrar, refere-se

> A compreensão é de que tanto o campesinato quanto o latifúndio não são resíduos, mas sim produtos do modo de produção capitalista, podendo também surgir dentro dele.

sempre a uma mercadoria. Por exemplo: o alimento produzido pelo camponês, que não recebe salário, é vendido para um mercado que, por sua vez, revende-o para a população como um todo. É nesse ponto em que se gera o capital. Outro exemplo seria o da indústria automobilística: cria-se capital não na venda do automóvel, mas mesmo antes, ainda na extração do minério metálico que será transformado para fazer parte do automóvel.

**Figura 1.10** - Rosa Luxemburgo 
Pictorial Press / Alamy / Fotoarena

Oliveira (2002) e Marta Inez Medeiros Marques (2008) chamam esse processo de acumulação primitiva permanente. Ou seja, é uma constante do modo de produção capitalista ter dentro de si elementos não capitalistas. Assim, camponeses e latifundiários não seriam resquícios ou anomalias, mas sim elementos, classes sociais presentes dentro do próprio capitalismo.

Dentro dessa corrente de criação e recriação do campesinato, além de Rosa Luxemburgo, Teodor Shanin é um pensador de essencial importância. No Brasil, o sociólogo José de Souza Martins pode ser considerado o introdutor dessa corrente, tendo influência também Margarida Maria Moura. Na geografia, temos Ariovaldo U. Oliveira como a principal referência, além de Regina Sader, Bernardo Mançano Fernandes, Rosa Ester Rossini, Rosemeire Aparecida dos Santos e Eliane Tomiasi Paulino.

**Figura 1.11** - Enrique Dussel 
El Universal / Zuma Press / Imageplus

São essas as três correntes que podemos encontrar dentro do marxismo e a partir da dialética. Contudo, existem outras possibilidades dentro da dialética, mas que se encontram além do marxismo. Os chamados **descoloniais**, por exemplo, partem de um ponto de vista amplo e diverso, fundamentado também no marxismo, mas bebendo de leituras pós-estruturalistas e construindo uma epistemologia puramente latino-americana. Os principais pensadores desta linha são **Enrique Dussel**, Arturo Escobar e Anibal Quijano, enquanto na geografia temos Carlos Walter Porto-Gonçalves, Jorge Rámon Montenegro Gómez.

A corrente descolonial tem muito em comum com a linha da criação e recriação do campesinato, contudo deixa de lado o entendimento marxista acerca da luta entre classes, trabalhando então com outros conceitos e entendimentos sobre os sujeitos do campo. O principal desses conceitos, talvez, seja o de **povos e comunidades tradicionais**. Outro ponto interessante é analisar a sociedade a partir da própria América Latina, não tentando transferir teses e análises europeias e estadunidenses para a nossa realidade devido à própria diferenciação da história latina, assim como de sua sociedade e produção do espaço.

Por fim, temos a corrente da **pluriatividade**. Ainda que não se mostre muito forte na geografia, ela tem força quase hegemônica na sociologia nacional, e parte do pressuposto teórico de que o campesinato está fadado ao fim – não por motivos de classes e expansão do capital, como afirmam Lenin e Kautsky, mas sim por contar com a transformação do produtor do campo em "outra coisa". A principal fonte teórica dessa corrente são os sociólogos franceses Henri Mendras e Marcel Jollivet, os quais partem do entendimento do filósofo Henri Lefebvre, de que o todo não suporta mais a dicotomia campo-cidade, entendendo então que todos os seres humanos estão inseridos dentro da urbanidade. Outro ponto analisado por tal corrente é que o campesinato acabaria, porque a maior parte da renda por ele gerada deixaria de vir do processo produtivo e passaria a se originar de outras atividades. Na geografia, o maior expoente da pluriatividade é Rosa Maria Vieira Medeiros. Defende-se nessa corrente a ideia de que o conceito de camponês está desatualizado e não consegue mais explicar a realidade – para tanto, utiliza-se o termo "agricultura familiar e da pluriatividade".

Importante também para os dialéticos, **Alexander Chayanov**, pensador russo do início do século XX, mostrou-se vital para tal corrente, uma vez que se busca no autor a raiz de sua construção teórica da pluriatividade, considerando que a produção no campo não é mais um ponto central. A mobilidade não é espacial, mas sim produtiva. Contudo, deixa-se de lado a ideia da luta de classes, contradição e afins. No restante do mundo, o maior referencial dessa forma de pensamento é o holandês Jan van der Ploeg.

Assim, temos um quadro, ainda que geral, das correntes da geografia agrária. Façamos um apanhado delas, para melhor entendimento:

**Figura 1.12** – Alexander Chayanov

Fine Art Images/Album / Album / Fotoarena

1. Weberianos: historicismo.
2. Marxistas e suas três vertentes:
   2.1. a permanência das relações feudais no campo;
   2.2. a destruição dos camponeses e dos latifundiários pelo capitalismo;
   2.3. a criação e recriação do campesinato e do latifúndio.
3. Descoloniais.
4. Teoria da pluriatividade.

## I.4 A geografia agrária na atualidade

Como vimos no decorrer deste capítulo, a geografia agrária tem certas bases teórico-metodológicas que acabam por norteá-la. Vimos também que, em seu início, sua análise era um tanto quanto descritiva, quantitativa e técnica, e por fim aprendemos que seus métodos são diversos e complexos. Vamos agora conhecer e analisar os principais temas com que a geografia agrária trabalha na atualidade, primeiramente de modo amplo, buscando fazer um grande apanhado dessas temáticas, para em seguida focar nas temáticas mais estudadas.

Nossos pilares para a análise serão os dois periódicos mais importantes do Brasil no que concerne à geografia agrária, bem como os dois eventos igualmente mais importantes em nosso país para a ciência agrária. Os periódicos em questão são a *Agrária* (Revista Brasileira de Ciência Agrária), publicada pela Universidade de São de Paulo (USP), e a *Campo-Território* (Revista de Geografia Agrária), publicada pela Universidade Federal de Uberlândia (UFU). Os eventos tidos aqui como base são o Encontro Nacional de Geografia Agrária (Enga) e o Simpósio de Geografia Agrária (Singa).

Cabe a ressalva de que não iremos analisar profundamente os periódicos. Eles servem de base para pesquisa e é recomendado que se vá até eles para um estudo e aprendizado mais aprofundado dos mais variados temas recorrentes na geografia agrária. Conhecê-los serve para afirmá-los como uma boa ferramenta futura, seja para estudos acadêmicos, seja para a construção de aulas para os ensinos fundamental e médio. Tais periódicos, assim como muitos outros, são abertos para todos, ou seja, o acesso aos artigos e demais trabalhos neles publicados são livres e gratuitos para qualquer pessoa.

A revista *Agrária* foi idealizada pelo Laboratório de geografia agrária da USP em 1998, em decorrência da construção e realização do I Singa, também no mesmo ano e na mesma universidade, tendo seu primeiro número publicado em 2004. O foco da *Agrária*, inicialmente, foi publicar e socializar as reflexões ocorridas ao longo de diversos anos no referido laboratório, conhecido como referência nacional nos estudos agrários. Hoje, seu formato é de dossiês, ou seja, cada número do periódico tem um tema central, apresentando artigos de diversos pesquisadores. Esses temas são aqueles que se entendem centrais para a questão agrária na atualidade.

Já a revista Campo-Território foi criada em 2006, como resultado de discussão ocorrida no XVII Enga. Seu foco é, de certo modo, mais amplo que o da Agrária, buscando analisar trabalhos que tenham como foco a geografia agrária e áreas afins e que busquem uma revisão crítica do campo – conceitual, experimental ou empiricamente. O periódico também almeja a construção de um maior intercâmbio de experiências e estudos entre pesquisadores e instituições do Brasil e do exterior, defendendo e respeitando o pluralismo filosófico, político e metodológico, não enfocando, portanto, somente a questão agrária.

Ambos os periódicos devem servir de base para a pesquisa acadêmica. Eles têm as características que suas fontes tiveram, ou seja, enquanto o primeiro segue uma linha mais crítica, o segundo tem um viés mais plural e aberto. Ressaltamos que o Singa foi idealizado pelo Prof. Dr. Ariovaldo Umbelino de Oliveira, da USP, que buscava dar maior visibilidade e importância aos conflitos do campo e ao campesinato. Contou com o apoio de diferentes professores e estudiosos da área. A partir das temáticas do

Singa, fazer um escopo dos assuntos trabalhados no decorrer dos anos. Para isso, apresentamos na sequência a lista desses eventos.

» I Simpósio de Geografia Agrária

Sem tema central. Foram realizadas as seguintes mesas-
-redondas:

"Desenvolvimento e contradições no campo brasileiro",
"Formas alternativas e jurídicas da propriedade da terra no Brasil", "Agricultura camponesa e sustentabilidade".

Local: Universidade de São Paulo

Ano: 1998

» II Simpósio Nacional de Geografia Agrária e I Simpósio Internacional de Geografia Agrária

Tema: "O campo no século XXI: território de vida, de luta e de construção da justiça social"

Local: Universidade de São Paulo

Ano: 2003

» II Simpósio Internacional de Geografia Agrária e III Simpósio Nacional de Geografia Agrária

Tema: "Desenvolvimento do campo, das florestas e das águas"

Local: Universidade Estadual Paulista Júlio Mesquita – Campus Presidente Prudente

Ano: 2005

» III Simpósio Internacional de Geografia Agrária e IV Simpósio Nacional de Geografia Agrária

Tema: "Campesinato em movimento"

Local: Universidade Estadual de Londrina (PR)

Ano: 2007

> IV Simpósio Internacional de Geografia Agrária e V Simpósio Nacional de Geografia Agrária
> Tema: "A questão (da reforma) agrária na América Latina: balanço e perspectivas"
> Local: Universidade Federal Fluminese (Niterói/RJ)
> Ano: 2009
>
> » V Simpósio Internacional de Geografia Agrária e VI Simpósio Nacional de Geografia Agrária
> Tema: "Questões agrárias na Panamazônia no século XXI: usos e abusos do território"
> Local: Universidade Federal do Pará (Bélem)
> Ano: 2011
>
> » VI Simpósio Internacional de Geografia Agrária e VII Simpósio Nacional de Geografia Agrária
> Tema: "A questão agrária no século XXI: escalas, dinâmicas e conflitos territoriais"
> Local: Universidade Federal da Paraíba (João Pessoa)
> Ano: 2013
>
> » VII Simpósio Internacional de Geografia Agrária e VIII Simpósio Nacional de Geografia Agrária
> Tema: "A questão agrária na contemporaneidade: dimensões dos conflitos pela apropriação da terra, da água e do subsolo"
> Local: Universidade Federal de Goiás (Goiânia)
> Ano: 2015

Podemos notar que o foco dos Singas está voltado para a questão agrária (QA) e para o campesinato. Notamos, em seus anais e em seus grupos de trabalho, que existe uma centralidade nos conflitos existentes no campo, nas resistências do campesinato perante o avanço do agronegócio e na questão da produção camponesa. Esse foco nos conflitos ocorre porque o objetivo do evento foi, desde o princípio, trazer para o centro do debate a questão agrária. Como vimos até agora e ainda veremos nos próximos capítulos, a centralidade da QA é essa contradição permanente, os conflitos e os antagonistas, uma vez que tal construção parte do marxismo, que tem como centralidade o movimento dialético.

Já nos Engas temos uma situação oposta. O Enga teve sua origem ainda em 1978. O professor José Filizola Diniz (1987) cita que, devido a uma geografia agrária enfraquecida e ainda pouco crítica perante a ciência como um todo, não havia uma posição frente às mudanças e cisões que estavam ocorrendo no fim da década de 1970 em nossa ciência. Como resposta a essa questão apontada Diniz (1987), foi construído o Enga. A diferença entre o Enga e o Singa é a abrangência temática e política de cada evento. Assim como a revista *Campo-Território*, originada no Enga, o evento em si tem uma perspectiva aberta e não linear.

A longa marcha do Enga mostra sua mudança no decorrer do tempo. De um evento mais acadêmico e voltado para a universidade, passou, após a criação do Singa, por um processo de abertura para os sujeitos do campo. Essa diferença é vista nos anais do evento, que mostram uma maior preocupação com os conflitos, além das próprias mesas-redondas e seminários, que não são mais somente acadêmicos, dando voz também a movimentos sociais e afins.

Concluímos, assim, que esses dois encontros e essas duas revistas norteiam, divulgam e constroem o pensamento e as práticas do ramo da ciência geográfica que trabalha com o campo. Contudo, quais seriam as temáticas principais, as mais trabalhadas? A temática que se faz mais presente nesses eventos é a das políticas públicas. A análise de políticas públicas para o campo, tanto aquelas voltadas para o agronegócio quanto aquelas voltadas para os camponeses, fundamento o tema de pesquisa mais presente. Entender como, por que e quais os impactos dessas políticas públicas no espaço geográfico e nos sujeitos do campo é vital para a geografia como um todo. Críticas e revisões dessas políticas são realizadas constantemente pelos pesquisadores, que buscam entender os motivos de tais políticas públicas, além da forma como elas se desenvolvem na realidade.

Entender as políticas públicas e até mesmo auxiliar na (re)construção delas é papel do pesquisador e do profissional geógrafo. Elas são ferramentas que devem, em teoria, melhorar a vida da população e diminuir a discrepância social, econômica e territorial existente em nosso país, onde encontramos apenas uma pequena parte da população tendo acesso à cultura, à educação, ao emprego e à moradia (seja ela urbana ou rural), enquanto a maioria segue sem tais fatores, ou tendo contato muito precário com eles. Por conta da ausência de pleno emprego, moradia etc., ocorre um número muito grande de pesquisas sobre a desigualdade, lembrando também que tais políticas públicas se mostram presentes em diversas escalas – municipal, estadual e federal.

Outra temática importante é a da relação entre cidade e campo. Entender como ocorre tal relação, seja no aspecto econômico, produtivo, social ou cultural, é significativamente importante. Antes, tal papel cabia muito à geografia urbana e áreas afins. Contudo, o foco era sempre da **cidade para o campo,** sendo o campo um adendo do meio urbano.

Com base especialmente nos escritos do filósofo Henri Lefebvre, pesquisadores do campo começam a produzir estudos que visam o olhar do campo em relação à cidade, nivelando a análise e, assim, não caracterizando mais a cidade como "avançada" e o campo como "rústico", mas procurando entender como tais espaços são produzidos de maneira distinta, diferenciada, não sendo um melhor ou pior que o outro.

Enquanto os estudos sobre campo e cidade ganharam destaque primeiramente na geografia urbana, atualmente um foco de estudo que ganha a cada dia mais importância é aquele voltado aos povos e comunidades tradicionais. Trabalharemos esse ramo de estudo futuramente, contudo vale a pena já citar que ele teve início de modo forte e distinto. Como cita Oliveira (2004), a partir da tese de doutorado de Marta Inez Medeiros Marques se estabeleceu uma maior relação entre a geografia e a antropologia, em especial com os pesquisadores Carlos Rodrigues Brandão, Ellen Woortmann e Klaas Woortmann. Tais pensadores e seus orientandos acabaram por auxiliar no desenvolvimento de estudos voltados para os chamados *povos e comunidades tradicionais*.

É importante entender o modo de vida e a construção distinta de territórios desses povos e comunidades, além de sua produção diferenciada do espaço. Igualmente importante para os estudos sobre povos e comunidades tradicionais é a compreensão da situação desses sujeitos no Brasil atual, bem como tentar analisar, com-

> Entender como se produz o espaço no campo é essencial, assim como entender os problemas, conflitos e necessidades dos sujeitos que nele vivem, os quais não têm as mesmas lógicas e práticas dos citadinos.

preender e ensinar sobre sua situação perante o avanço do capitalismo no campo, visto que seu modo de vida tradicional é distinto e frágil aos avanços da modernidade.

A educação do campo é outra vertente de estudos que se faz cada vez mais presente. Deve-se ter em mente que tais estudos se referem a uma educação **do** campo e não **no** campo. Mas, afinal, qual é a diferença? Os estudos da educação do campo estão atrelados à noção de que é necessária a construção de uma educação e uma pedagogia do campo, dos camponeses, e não importadas das cidades para o campo. Para tanto, entender como se produz o espaço no campo é essencial, assim como entender os problemas, conflitos e necessidades dos sujeitos que nele vivem, os quais não têm as mesmas lógicas e práticas dos citadinos.

Por fim, temos a centralidade nos movimentos sociais do campo, com destaque para o Movimento dos Trabalhadores Rurais Sem Terra. Assim como o enfoque nas políticas públicas, a escala de análise aqui é mais variada, trabalhando com os diversos movimentos sociais presentes no campo. O modo de resistir e as demandas desses movimentos sociais diversos do campo são a essência desses estudos, que buscam a compreensão sobre como tais sujeitos, que constroem e fazem parte dos movimentos sociais, lutam para produzir no campo, seja de modo autônomo, seja inseridos no mercado.

Diversos focos de análise podem existir dentro dos estudos agrários. Destacamos apenas os que se fazem mais presentes quantitativamente nos dois eventos principais da geografia agrária. O que une todos eles é o entendimento de que o espaço geográfico, em consonância com o território, é o conceito-chave da geografia, aquele que difere a pesquisa geográfica das demais. A produção do espaço no campo é diversa e ocorre de modo diferente do espaço urbano, seja em seu tempo ou em sua sociabilidade.

## Síntese

Neste capítulo aprendemos como se desenvolveu a ciência geográfica, com foco, principalmente, na geografia agrária. Vimos o histórico, a modificação e a consolidação deste ramo da geografia como um de seus mais pujantes e importantes vieses de investigação. Compreendemos, também, a diversidade de métodos existentes, do idealismo e do historicismo até o marxismo.

Ponto importante foi que pudemos compreender que existem diversas correntes teóricas na geografia agrária, que por vezes partilham do mesmo método, ainda que tenham interpretações distintas sobre ele, resultando em diferentes pontos de vista acerca da realidade e de seus objetos de análise.

Como destacamos em nossa apresentação, julgamos que este primeiro capítulo é de suma importância para a compreensão do restante da obra. Sem ele, sem apreendermos sobre os métodos, a história, a atualidade e as vertentes da geografia agrária, corremos o risco de construir entendimentos equivocados sobre as temáticas que ainda serão trabalhadas.

## Atividades de autoavaliação

1. É fundamental compreendermos alguns autores-chave de determinadas correntes. Apesar de, por vezes, eles apresentarem divergências entre si, temos de ter em mente ao menos seus nomes, uma vez que suas contribuições ainda são essenciais para diversas pesquisas no Brasil e no mundo. Sendo assim, dentro do marxismo, quais são os três autores que representam as diferentes interpretações do campesinato?

    a) Adam Smith, David Ricardo, Karl Marx.
    b) Karl Kautsky, Vladmir Lenin, Rosa Luxemburgo.
    c) Mikahil Bakunin, Piotr Kropotkin, Elisée Reclus.
    d) Teodor Shanin, Alexander Chayanov, Nikolai Kondratiev.
    e) Ricardo Abramovay, Maria N. Wanderley, Ariovaldo Oliveira.

2. Vimos, ao longo deste capítulo, a importância que o marxismo tem dentro da geografia agrária. Vimos também que, apesar de haver divergências dentro da corrente teórica originária nos

escritos de Karl Marx, existe uma coerência vital dentro dela. Como o marxismo, de modo geral, tratou do campesinato?

a) A partir de Lenin, o marxismo observou o campesinato sob a ótica de diferenciação social, e desde então é a única corrente que discorre sobre o camponês.

b) A linha paradigmática do marxismo tratou o camponês, assim como Shanin e outros autores. Ou seja, defendia, desde o princípio, que o campesinato era uma classe.

c) O marxismo não chegou a tratar do campesinato. Foi Rosa Luxemburgo quem iniciou essa trajetória, defendendo o fim do campesinato enquanto sujeito social.

d) A teoria marxista analisou o campesinato a partir de sua transformação pelo capital. Esse debate era único e versava sobre a diferenciação social, partindo de Lenin.

e) A teoria social marxista abordou o campesinato contemporâneo por meio da problemática de sua transformação capitalista, expressa em dois principais debates conceituais referentes à diferenciação e aos modos de produção.

3. Lenin é o maior e mais utilizado autor dentro do paradigma marxista dos estudos agrários na geografia. Sua contribuição foi ímpar e sua influência foi sentida nas práticas da União Soviética em relação ao campesinato, bem como em práticas políticas de diversos grupos e partidos políticos que seguiam e seguem seu pensamento. Sendo assim, assinale a alternativa que apresenta corretamente o pensamento de Lenin sobre o campesinato?

a) Para ele, a diferenciação social do campesinato prova o fim do camponês.

b) Lenin discorre sobre os problemas da diferenciação social do campesinato, o que seria um ponto problemático no futuro socialista.

c) O camponês não tem importância no pensamento de Lenin.

d) Lenin tem o mesmo modo de pensar que Kautsky, ou seja, o campesinato era um resquício do feudalismo.

e) Lenin crê no campesinato como motor da revolução.

4. A ciência é construída a partir de diversos posicionamentos. Vimos que ela não é neutra e que, tratando-se de ciências humanas e sociais, não há uma verdade absoluta nas pesquisas. Na geografia agrária isto não seria diferente. Sendo assim, quais são as principais correntes de pensamento da geografia agrária na atualidade?

a) Geografia crítica.

b) Weberianos, marxistas, descoloniais e a teoria da pluriatividade.

c) Weberianos e marxistas.

d) Apenas os marxistas.

e) Não há correntes principais, mas sim uma mescla de todas.

5. O Enga, conhecido como um dos mais tradicionais eventos da geografia brasileira, vem se constituindo em um ambiente fecundo de reflexões e debates sobre as questões territoriais, sociais, econômicas e políticas, imprescindíveis para compreensão dos fenômenos socioespaciais no Brasil. (Azevedo, 2015). Considerando o que foi apontado acima e levando em conta o que foi abordado no capítulo sobre os eventos da geografia agrária, podemos notar uma ausência em relação aos objetivos do Singa. Qual seria essa ausência?

a) Não se vê na passagem a questão dos conflitos no campo e dos movimentos sociais, que é o norte do Singa.

b) Não se vê a questão metodológica marxista, tão cara ao Singa.

c) Não há ausência, podemos notar na realidade que o Enga equivale ao Singa.

d) Uma ausência sentida é a questão da escala internacional, que é vital para a construção do Singa.

e) Podemos notar que não são citadas as questões ambientais, que é um foco do Singa.

6. Em seu início como ciência, existiu dentro da geografia um germe de crítica. Dois autores, que acabaram sendo esquecidos ao longo do século XX, mas posteriormente resgatados, foram esse germe. Assinale a alternativa que apresenta esses pensadores e o seu viés político-acadêmico.

a) Marx e Engels (marxistas).
b) Durkheim e Weber (idealistas).
c) Réclus e Kropotkin (anarquistas).
d) Dilthey e La Blache (historicistas).
e) Hollanda e Freyre (idealistas).

## Atividades de aprendizagem

### Questões para reflexão

1. Sabemos que a relação entre capital e trabalho é um tema central para a geografia, e especialmente importante para a geografia agrária. Quais são os entendimentos dessa relação para cada uma das vertentes do pensamento marxista que trabalham com ela?

2. Quais são as principais diferenças que podem existir dentro da geografia agrária, partindo de métodos diferentes? Reflita e compare dois métodos.

3. A geografia se institucionalizou em 1871. Explique o contexto histórico deste período e sua influência na ciência geográfica.

# Atividades aplicadas: prática

Faça um fichamento do artigo *Metodologia da Geografia Agrária*, do Prof. Dr. Orlando Valverde. Esse professor foi grande referência nos estudos de geografia agrária no Brasil, pois esteve entre os primeiros a trazer a crítica e o marxismo para dentro da ciência geográfica. Sua análise do método é clássica e muito utilizada como fonte inicial de trabalhos metodológicos em geografia agrária.

VALVERDE, O. Metodologia da geografia agrária. **Campo- -Território**, Uberlândia, MG, v. 1, n. 1, p. 1-16, jan./jul. 2006. Disponível em: <http://www.seer.ufu.br/index.php/campoterritorio/article/view/11777/6892>. Acesso em: 22 fev. 2017.

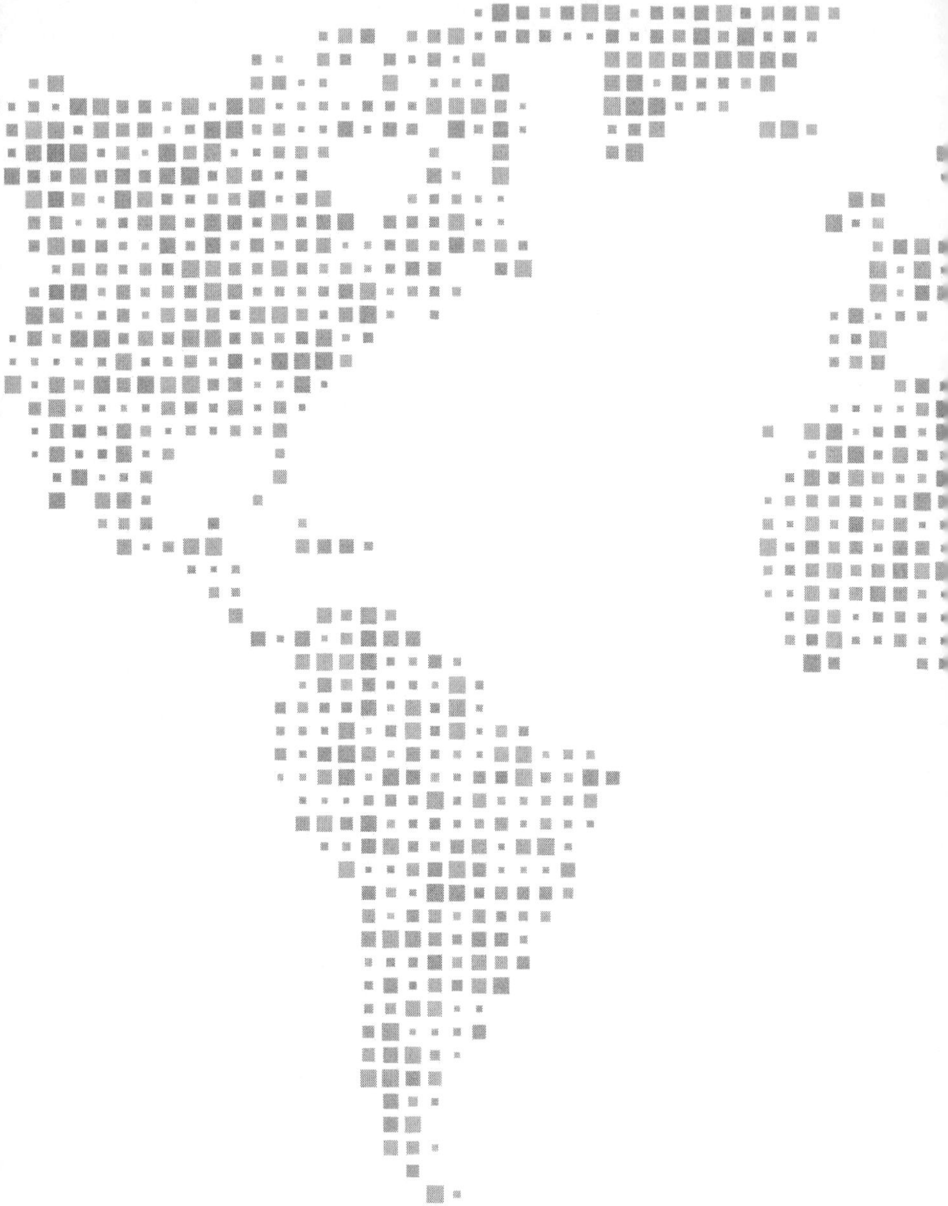

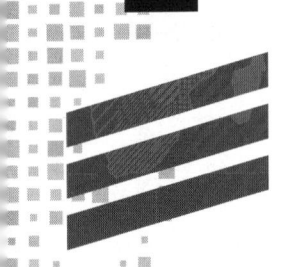

# 2
# Formação do campo brasileiro

Neste capítulo, teremos por objetivo desvendar e analisar a situação fundiária do Brasil. O foco será a formação e a ocupação do campo em âmbito nacional. Grandes estudiosos da área, como Florestan Fernandes, José de Souza Martins, Ariovaldo Umbelino de Oliveira e Caio Prado Júnior discorrem sobre o problema da distribuição e acesso à terra no Brasil, questões que iremos analisar aqui.

Tendo em mente os conceitos geográficos de **produção do espaço** e **território**, uma visão crítica sobre a temática poderá ser elaborada. Focando no desenrolar histórico do Brasil, poderemos fazer então uma análise dialética sobre como a produção do espaço agrário nacional é produto das relações sociais e históricas que ocorreram em nosso país.

## 2.1 A formação territorial do Brasil

Para tratar da formação territorial brasileira, tomaremos por base duas obras vitais para entender a ocupação do território que hoje é o Brasil – o livro *A formação espacial brasileira: contribuição crítica aos fundamentos espaciais da geografia do Brasil*, de Ruy Moreira (2014), e a obra *Navegantes, bandeirantes e diplomatas: um ensaio sobre a formação das fronteiras do Brasil* (2001), do diplomata Synesio Sampaio Goes Filho. Tais obras são recomendadas para que se entenda a formação territorial do Brasil, a forma como se produziu o espaço geográfico nacional e de que maneira se expandiram as fronteiras ao longo dos tempos. Caso o leitor queira ir além e se aprofundar, recomendamos, no Quadro 2.1, algumas leituras importantes para a temática.

**Quadro 2.1** – Quadro de livros-chave para leitura sobre a história do Brasil

| Autor(es) | Livro |
|---|---|
| Celso Furtado | Formação econômica do Brasil (1958) |
| Sérgio Buarque de Hollanda | Raízes do Brasil (1936) |
| Darcy Ribeiro | O povo brasileiro (1995) |
| Florestan Fernandes | A integração do negro na sociedade de classes (1964) |
| Caio Prado Júnior | Formação do Brasil contemporâneo (1942) |
| Alfredo Bosi | Dialética da colonização (1992) |
| Lilia Schwarcz e Heloísa Starling | Brasil – uma biografia (2015) |
| Sidney Chalhoub | Visões da liberdade (1990) |
| Boris Fausto | História concisa do Brasil (2001) |
| Milton Santos e Maria Laura Silveira | Brasil: território e sociedade no início do século XXI (2001) |

Goes Filho (2001) discorre sobre o papel das bandeiras na expansão dos domínios, então portugueses, na América do Sul, e assim define essa expansão: as bandeiras portuguesas, até certo ponto independentes da metrópole, eram formadas por massas indígenas capturadas (escravizadas) ou já convertidas, com o objetivo de enriquecimento. Tinham como antagonistas os jesuítas, redutores das populações nativas e dependentes da metrópole para agir.

Cabe ressaltar, entretanto, que os jesuítas, mesmo sendo majoritariamente espanhóis, não tinham caráter algum de colonização para a Espanha, mesmo dependendo financeiramente da Coroa espanhola, cabendo-lhes a simples catequização das populações nativas. Já os portugueses, levando consigo as tais massas indígenas – que, como cita Goes Filho (2001), tinham junto dos indígenas talvez até mais liberdade e menor imposição cultural do que os jesuítas –, tinham, sim, certos aspectos de tomadores de terras, buscando tomá-las primeiramente para si mesmos, tirando dali seu sustento e, por conseguinte, acrescendo tal espaço à Coroa portuguesa.

Voltando a questões territoriais, podemos resumir a "invasão" portuguesa ao espaço espanhol de diversas maneiras – porém, é importante lembrar que ela ocorre de modo "consentido" no norte do país e, quanto mais se encaminha para o sul, maiores tensões provoca.

Portugal, tendo um conhecimento cartográfico maior que a Espanha, desde o início buscou aumentar sua parte da América por meio de artimanhas cartográficas, de forma que o Reino de Portugal empurrou a linha do tratado cada vez mais para o interior do continente sul-americano. Isso se deu ao longo de muito tempo, enquanto Portugal burlava o tratado e usava de cartógrafos para inserir, cada vez mais para o interior do continente sulamericano, a linha de Tordesilhas. Surge então o mito da *Ilha Brasil*, a qual teria limites no norte (no Amazonas, em Guaporé e Madeira), no oeste (no Paraguai) e no sul (no Prata). Tinha-se a ideia de que rios tributários da bacia do Paraná (Prata) e do Amazonas (Tocantins) nasceriam em uma mesma lagoa, porém correriam em direções opostas. Além disto, a linha do Tratado de Tordesilhas foi sendo modificada ao longo do tempo, sempre adentrando mais a oeste com o objetivo de legitimar as novas possessões portuguesas.

**Mapa 2.1** – O meridiano de Tordesilhas, segundo diferentes geógrafos

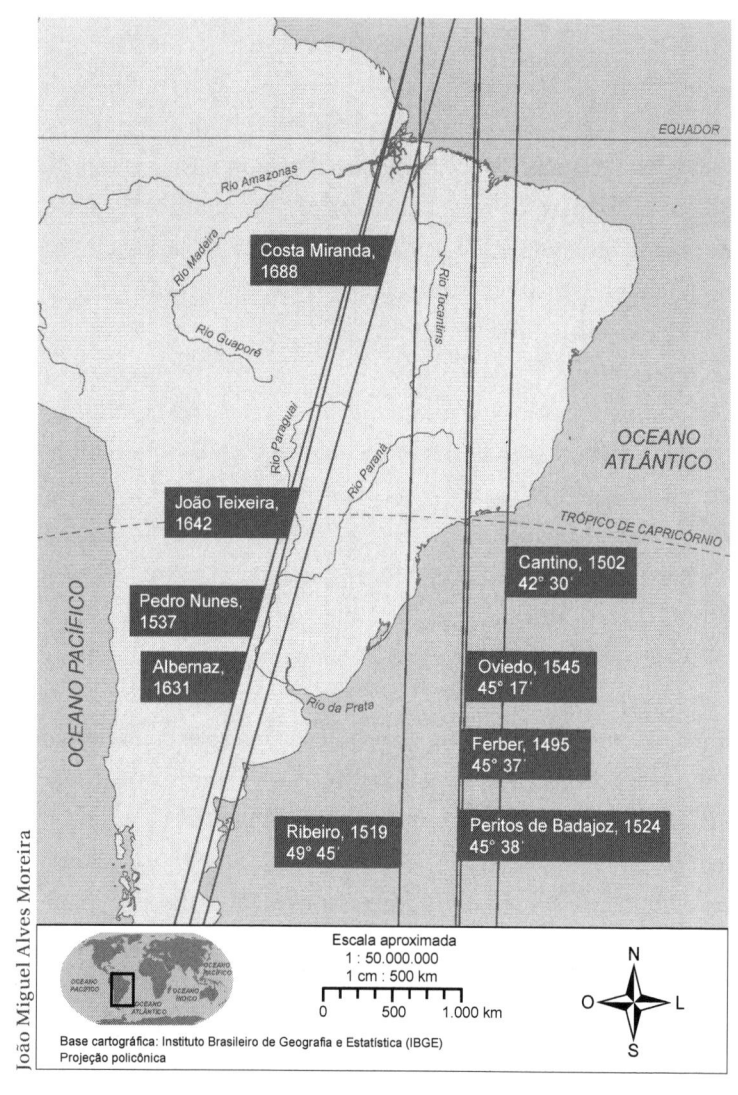

Fonte: Lima, 1902.

Já no século XVIII, as bandeiras perdem sua importância e força de entrada, visto que, depois de diversos anos, tinha-se uma noção de que o Brasil já tinha extrapolado o antigo Tratado de Tordesilhas e que seus contornos eram muito maiores. Para justificar tal fato, Portugal sempre utilizou o argumento do *uti possidetis*, que viria a ser importante ainda séculos depois e que determinava que o primeiro a se estabelecer na terra tem sua posse e domínio garantidos. Assim, nasce um novo modelo de entrada no continente que ajudou a ocupar o centro-oeste: as **monções**, que se baseavam em navegações entre o que hoje compreende o estado de São Paulo e as lavras de ouro do Mato Grosso, parte de Goiás e Mato Grosso do Sul.

Moreira (2014) mostra que os traçados jesuíta, pastoril e bandeirante foram os principais na formação social e territorial do Brasil, até meados do século XIX. A expansão do capital no país foi o motor da expansão territorial. Os bandeirantes eram movidos pela necessidade – deles mesmos e da Coroa portuguesa – de obter novas terras para delas extrair mais riquezas. Trazendo para o pensamento marxista, seria a necessidade portuguesa de criar capital e de fazer uma **acumulação primitiva** para poder trazer para a metrópole mais riquezas.

Um assunto que precisa ser individualmente tratado é o espaço sul do Brasil, em especial a fronteira do Prata. O ideal para a Coroa espanhola seria um grande Paraguai, abrangendo o que hoje é o Uruguai e o Rio Grande do Sul. Porém, a impossibilidade da existência desse "grande Paraguai", visto o "definhamento" de Assunção e a ocupação portuguesa de São Pedro (Rio Grande do Sul), bem como a ocupação portuguesa da margem norte do Rio da Prata, coube aos espanhóis então a luta pelo espaço sulino. Logo, após várias tentativas, a colônia de Sacramento foi tomada, sendo logo em seguida fundada, um pouco mais a leste, Montevidéu.

Visto isso, nota-se a diferença entre fronteiras, uma vez que ao norte foi relativamente fácil a tomada da Bacia do Amazonas, enquanto ao sul, em uma faixa de terra muito menor, a tomada portuguesa foi repelida – havendo até mesmo perda de terras, como em Sacramento, deixando-se aos espanhóis a hegemonia do Rio da Prata.

Goes Filho (2001) trata da ocupação e expansão do território brasileiro. Tendo como partida o Tratado de Madri, de 1750, cabe agora entender a definição dos limites nacionais. Moreira (2014) elenca que, até onde se conseguiu, a expansão foi feita objetivando a extração de capital. O autor atenta para a relação entre as cidades e o sertão, com o sertão sendo o local de onde se extrai a riqueza, e a cidade o espaço em que se reproduz essa riqueza com vistas a remetê-la, já expandida, a Portugal.

Retornando ao Tratado de Madri, é preciso lembrar que ele se personifica em Alexandre Gusmão, que o assinou em 1750. A importância do diplomata advém do uso do *uti possidetis,* que passou a nortear a diplomacia brasileira para solucionar questões fronteiriças (princípio este que não se limita ao caso sul-americano, sendo o maior exemplo, talvez, sua utilização na legitimação por parte do Império Alemão, para anexar a Alsácia-Lorena em 1871).

Outro marco de Gusmão é seu modelo de divisão espacial, baseado no *uti possedetis,* mas que também buscava sempre usar como delimitador de fronteira limites naturais e acidentes geográficos.

Como negociador brilhante, Gusmão notou que Portugal já tinha há tempos perdido sua possibilidade de saída direta no Prata, e viu assim, na Colônia de Sacramento, uma moeda de troca valiosíssima, o que se mostrou efetivo, quando a colônia foi trocada pelos territórios dos Sete Povos das Missões (oeste do atual Rio Grande do Sul), Mato Grosso do Sul e a imensa zona compreendida entre o Alto Paraguai, o Guaporé e o Madeira, de um lado, e o Tapajós e Tocantins de outro.

Fazendo um paralelo importante com um paradigma além da história, nota-se que o termo *território* perde aqui um pouco o significado de poder para a Espanha, enquanto Portugal, aparentemente ciente disto, luta por uma ampliação. Aqui, aquilo que o geógrafo Claude Raffestin (1993) tanto expõe – o território como porção do espaço geográfico delimitado por relações e mostras de poder – é desdenhado no Tratado de Madri, o que acabou por transformar o Brasil em um colosso que, unido graças à vinda da Corte Portuguesa, em 1808, deixou de rivalizar com a América Latina, graças a sua extensão territorial.

Segundo Goes Filho (2001), após pouco tempo, já com a Corte Portuguesa em terras brasileiras, as pretensões sobre a Cisplatina (Uruguai) novamente brotaram, tendo em 1816 o Príncipe Regente (D. João VI) mandado invadir tal espaço. Logo, mesmo com a independência do país, coube ao Império intervir ainda na região, que incitava medos e cobiça na capital (medo de um separatismo gaúcho e cobiça pela tão sonhada saída ao Rio da Prata). Mesmo assim, em 1827 a questão Cisplatina teve seu fim e, de modo "neutro", o pequeno estado não foi anexado nem pelo Brasil nem pelas Províncias Unidas do Rio da Prata, mas sim tornado uma nação independente.

Um fato que marcou o século XIX para o Brasil foi a Guerra do Paraguai, a qual teve seu estopim em outra guerra, a civil uruguaia, ocorrida de modo "obscuro" entre Brasil e Uruguai, e como resultado direto da política intervencionista do governo imperial em questões internas e de comando nos vizinhos platinos (Argentina e Uruguai, em especial). Com isso, após um ano no Uruguai (1864) e cinco em guerra contra o Paraguai (1865-1870), a fronteira da

Bacia Platina foi fechada, com um pequeno ganho territorial no Paraguai, por parte do Império.

Já atuante no final do Império, o homem que viria a se tornar um herói brasileiro encontrou seu apogeu na República: José Maria da Silva Paranhos Júnior, o Barão do Rio Branco. Em primeiro lugar, atuou em uma disputa com a Argentina, a Questão de Palmas, na qual, de modo muitíssimo estudado e detalhado, conseguiu, com a interferência do então presidente dos Estados Unidos, Grover Cleveland, assegurar para o Brasil a área que hoje compreende o sudoeste do estado do Paraná e o noroeste do estado de Santa Catarina. Tal feito foi inclusive elogiado pela imprensa argentina, que lamentou não ter uma escola de diplomatas de sagacidade tão elevada e instrução tão boa como a do Brasil, visto que, além do uso do famoso *uti possidetis*, todo o estudo histórico da região foi de suma importância.

A Questão de Palmas surgiu apenas devido ao Tratado de Santo Ildefonso, que acabava por dar novamente à Espanha antigas conquistas do Tratado de Madri, como os Sete Povos das Missões, que foram retomados com guerras ainda no tempo do Império. Porém, a ferida de Palmas acabou aberta, e por pouco não permaneceu assim, visto que, antes de a questão sobre limites brasileiros e argentinos ser levada aos tribunais internacionais, a recém-proclamada República do Brasil havia aceitado dividir o território de Palmas em dois, fato que só não foi confirmado graças a uma grande movimentação de toda a nação brasileira, desde a imprensa até diplomatas e políticos.

Assim, Rio Branco, herói nacional, vinha a ter agora um novo problema, no Amapá, com a França. Na região, novamente houve ganho por parte do Brasil, graças ao estudo detalhado e às pesquisas históricas do barão. No Pirara, na divisa com a Guiana Inglesa, ocorreu o maior revés fronteiriço nacional, sendo perdido ali mais território do que até mesmo um acordo proposto pela Inglaterra objetivava, fato este rechaçado pelo presidente francês na época (Goes Filho, 2001).

Antes de seguir para a Questão do Acre, é importante ressaltar uma característica muito importante e visível nas negociações brasileiras: elas sempre ocorreram de modo bilateral, envolvendo apenas o país e mais um vizinho, nunca buscando acordos com mais de uma nação vizinha, mesmo que o território em jogo seja de litígio com um terceiro.

Indo ao Acre, tem-se ali uma relação muito forte com a entrada de seringueiros na região que pertencia à Bolívia; porém, essa presença de brasileiros se deu muito provavelmente sem o conhecimento dos próprios bolivianos. Após certo tempo, a região passou a ser ocupada quase que exclusivamente por brasileiros, e assim, em 1899, o governo boliviano tentou ali assegurar a sua influência, o que gerou um intenso conflito local, levando quase a uma guerra com o Brasil (Moreira, 2012). Essa questão foi resolvida cinco anos depois, em 1903, com a assinatura do tratado de Petrópolis, por meio do qual, com maestria, Barão do Rio Branco cedeu uma pequena parte de terra ao Estado vizinho, assumindo os prejuízos de investidores estadunidenses e pagando uma indenização para a Bolívia, além de ter de construir uma ferrovia ligando o Rio Madeira ao Mamoré. Para tanto, anos de disputa foram promovidos, visto que na ocasião foi atropelado o acordo de 1867, já assegurado entre o Brasil e o país vizinho.

Após rápidos conflitos e acordos com Equador (em 1904) e Colômbia (em 1907), encerrou-se, de certo modo, a fase das questões sobre limites amazônicos, revividas de modo maior com o Peru, em 1909, que requeria do Brasil uma faixa grande de terra (que somava inclusive o recém-adquirido Acre). A resolução aconteceu de modo amistoso, com o Brasil cedendo ao vizinho

Peru uma pequena parte do Acre. Após visitas de autoridades brasileiras aos locais reivindicados pelo Peru, foi constatado que eles eram realmente ocupados por nacionais do país reclamante (Goes Filho, 2001).

Assim se deu a formação do que hoje compreende a porção de terras de domínio nacional. Mas qual é a análise geográfica que podemos tirar disto? Vamos a Moreira (2014) para melhor entender o significado desses fatos.

O autor acrescenta ao que vimos em Goes Filho (2001) que, além dos jesuítas e dos bandeirantes, o gado teve papel central na expansão territorial nacional. Moreira (2014) destaca que a formação da área que hoje compreende o Brasil ocorreu por meio de conflitos e hegemonias. Esses conflitos se deram com os vizinhos, inicialmente com a Coroa espanhola, e posteriormente com os países independentes sulamericanos (que eram ex-colônias da Espanha). Outro conflito central aconteceu com os indígenas. Tanto o autor quanto Oliveira (1996), Martins (1981) e outros citam que não se deve cair no senso comum de que o sertão da América do Sul era um grande vazio demográfico. Ao contrário: contava com massas indígenas, com camponeses expulsos dos latifúndios e negros fugidos da escravidão, que encontravam nessas terras a possibilidade de produzir – e de se reproduzir – de modo autônomo e livre da opressão.

Após rápidos conflitos e acordos com Equador (em 1904) e Colômbia (em 1907), encerrou-se, de certo modo, a fase das questões sobre limites amazônicos, revividas de modo maior com o Peru, em 1909, que requeria do Brasil uma faixa grande de terra (que somava inclusive o recém-adquirido Acre).

Esse ponto dos conflitos nos leva à questão da hegemonia: desde o descobrimento do Brasil, houve uma hegemonia dos proprietários de terra. Como Martins (1981) analisa, estes exercem papel central no país até os dias atuais. De início, tinham seu poder econômico centrado nos escravos e no monopólio do uso da terra, e com o fim da escravidão centraram seu poder na propriedade da terra. A hegemonia da expansão ocorre, então, pela necessidade de novas terras para se produzir para a elite. Se, antes de 1850, a terra pertencia à Coroa, e todo trabalho era cativo e dos proprietários, após 1850, com a lei de terras, a terra passou a ser privada e ainda mais monopolizada, deixando o trabalho livre refém dos proprietários de terra.

O que podemos destacar nisso? Podemos compreender que a expansão territorial do Brasil foi, desde o princípio, voltada para os interesses de uma elite agrária interessada em extrair capital do sertão, reproduzi-lo e ampliá-lo nas cidades, a fim de manter o domínio e a expansão da riqueza.

## 2.2 A ocupação do campo brasileiro

Para entender a ocupação do campo brasileiro, temos que ter em vista o processo de formação do território nacional. Como afirma Moreira (2014), tal como a formação territorial, a ocupação em si foi também um processo vindo da elite. Além de ser resultado dos anseios dessa elite, deve-se ter em conta que esse processo foi também uma possibilidade de oferecer liberdade para os mais pobres, fossem eles escravos fugidos ou não. Era no campo, longe dos poderes oligárquicos das cidades e das grandes propriedades, que a parte mais pobre da população teve a possibilidade de se reproduzir de maneira livre e autônoma, o que vai ao encontro do que Cardoso (2004) chama de *brecha camponesa*.

Vamos discutir mais adiante o que é essa brecha, essa abertura, mas já podemos ter em mente, *grosso modo*, que ela é o outro lado no modo como se ocupou o campo brasileiro. Era como camponeses que os escravos e pobres brancos ou caboclos podiam encontrar um modo de viver em liberdade e com certa autonomia, alimentando o mercado interno por meio de brechas no sistema escravocrata.

Portanto, temos em vista a dualidade da ocupação do campo: ao mesmo tempo que ela foi uma possibilidade de libertação dos pobres e escravos, foi também uma manobra das elites, as quais permitiam a ocupação, graças à grande extensão de terras e à necessidade da Coroa em ocupar o interior do Brasil. Do lado da elite, temos por base o que Moreira (2014) apresenta, enquanto do lado da ocupação por parte dos pobres temos Cardoso (2004) como base para a análise, a partir de sua construção teórica da brecha camponesa.

Para melhor compreensão sobre a ocupação no Brasil, tendo em vista essa dualidade, devemos separar em partes a cronologia dessa ocupação, baseando-nos em Moreira (2014):

» Descobrimento (1500 – 1530)
» Colônia (1530 – 1815)
» Império (1815 – 1889)
» República Velha (1889 – 1930)
» Era Vargas (1930 – 1945)
» República Nova (1945 – 1964)
» Ditadura Militar (1964 – 1985)
» Nova República (1985 – hoje)

Em 1500, com o descobrimento do Brasil, Portugal buscava apenas extrair riquezas de sua nova possessão. O produto mais explorado inicialmente foi a madeira do pau-brasil, a qual servia para tingir tecidos. Outras madeiras também foram extraídas com insistência, servindo de matéria-prima para a ampliação da esquadra marinha da Coroa portuguesa. Somente 30 anos depois do descobrimento, entre 1530-1531, com a ameaça francesa perante sua conquista, Portugal iniciou o processo de ocupação e colonização do Brasil.

A partir dessa época, os olhos portugueses se voltam à colônia. Delimitada pelo Tratado de Tordesilhas, a área explorada por Portugal passa a ser o que chamamos de uma **colônia de exploração**. Ou seja, busca-se somente extrair riquezas para a metrópole, pouco importando o desenvolvimento local da Colônia. Esse foi o modelo-padrão português. Indo além, a função desse modelo, no caso brasileiro, foi:

» Ocupar o território.
» Extrair riqueza para a coroa.
» Catequizar os povos indígenas.

Para cumprir esses objetivos, como nos ensinam Oliveira e Faria (2009), Portugal transplanta de seu próprio território para a colônia o modelo das sesmarias, o qual existia na metrópole desde 1375 e viria a perdurar até 1795. Tal modelo impunha que o usuário da sesmaria a tornasse produtiva, sob pena de perder o direito ao uso. E o que significa "direito ao uso"?

Devemos ter em mente que o modelo das sesmarias garantia somente o direito de uso da terra, não garantindo, portanto, sua propriedade privada (Oliveira; Faria, 2009). Toda a terra pertencia à Coroa, a qual apenas permitia seu uso pelos súditos. É vital compreendermos esse fato, uma vez que o advento da propriedade privada no Brasil ainda é recente, se comparado ao de outros países. O modelo sesmarial de exploração era viável, pois a Coroa ficava livre de maiores investimentos, obtendo apenas as remessas de renda para si, além de servir como estratégia para ocupar e defender seu território. Isso fica claro ao lermos o seguinte recorte da Lei das Sesmarias (Portugal, 2009):

## Lei de 26 de Junho de 1375

*Obriga a prática da lavoura e o meio da terra pelos proprietários, foreiros e outros, e dá outras providências.*

Eu El Rei Faço saber aos que esta lei virem.

Todos os que tiverem herdades próprias, emprazadas, aforadas, ou por qualquer outro título, que sobre as mesmas lhes dê direito, sejam constrangidos a lavrá-las e semeá-las.

Se por algum motivo legítimo as não puderem lavrar todas, lavrem a parte que lhes parecer podem comodamente lavrar, a bem vistas e determinação dos que sobre este objeto tiverem intendência; e as mais façam-nas aproveitar por outrem pelo modo que lhes parecer mais vantajoso de modo que todas venham a ser aproveitadas. [...]

Se por negligência ou contumácia, os proprietários não observarem o que fica determinado, não tratando de aproveitar por si ou por outrem as suas herdades, as Justiças territoriais, ou as pessoas que sobre isso tiverem intendência, as dêem a quem as lavre, e semeie por certo tempo, a pensão ou quota determinada. [...]

Se os senhores das herdades não quiserem estar por aquele arbitramento, e por qualquer maneira o embargarem por seu poderio, devem perdê-las para o comum, a que serão aplicadas para sempre; devendo arrecadar-se o seu rendimento a benefício do comum, em cujo território forem situadas.

E para que venha esta Lei à notícia de todos, ordeno.

Se registrará nos Livros da Mesa do Desembargador do Paço, Casa da Suplicação, e Porto, e nos das Relações dos Estados da índia, e onde semelhantes leis se costumam registrar. E esta própria se lançará na Torre do Tombo. Dado em Lisboa, aos 26 de junho de 1375. Com a rubrica de Sua Majestade.

No Brasil, a Lei das Sesmarias não funcionou em sua plenitude. Oliveira (1987) destaca que a falta de controle por parte da Coroa acabou por criar grandes latifúndios improdutivos, "empurrando" as massas camponesas para o interior do país. Como destacamos, apesar de ser um movimento contraditório e combinado, o fato de não se produzir nada nos latifúndios não satisfazia as intenções e desejos da coroa. Os anseios de extrair riquezas estavam atrelados, também, à produção desses latifúndios, o que não acontecia.

Os latifúndios improdutivos geraram uma desigualdade social, sentida até os dias atuais. O que ocorreu foi uma burla por parte da elite, que transformou o que deveria ser um direito ao uso em propriedade privada *de facto*. Martins (2015) chama a atenção para o fato de que o modelo de sesmarias já nasceu morto, nunca tendo funcionado na Colônia, uma vez que o anseio dessa elite ao manter o latifúndio era, justamente, impedir o desenvolvimento de uma economia camponesa livre, a qual viria a concorrer com seus produtos.

> A falta de controle por parte da Coroa acabou por criar grandes latifúndios improdutivos, "empurrando" as massas camponesas para o interior do país.

Como citamos, bloquear a ampliação e fortalecimento do campesinato, produtivo, livre e centrado em pequenas porções de terra era o objetivo da elite latifundiária. Deslocando tais camponeses para o interior, obtinha-se uma dupla vitória: ocupava-se o sertão, satisfazendo os desejos da Coroa, e os campesinos ficavam suficientemente distantes do mercado, visto a impossibilidade de escoamento de sua produção, tornando-os apenas camponeses de autossustento. Destacamos que tal lógica não era de interesse da Coroa, mas sim da elite agrária local. Além de monopolizar a mão de obra na figura da escravidão, criava-se o núcleo da monopolização da terra por parte da elite.

Entretanto, como cita Campos (2011), ocorreram outros tipos de colonização no Brasil, especialmente na Região Sul, mais especificamente em Santa Catarina e no Rio Grande do Sul, que tiveram a criação de colônias de povoamento. Destacamos anteriormente que, mais ao sul da Colônia, Portugal encontrou resistência para ampliar a área sob seu domínio. Logo, era uma região onde o conflito era sempre iminente, visto o estabelecimento espanhol no Rio da Prata, especialmente em Buenos Aires, mas também no centro-sul do continente, em Assunção.

Para melhor defender tais territórios, ainda segundo Campos (2011), era necessário um colono enraizado em sua terra, uma vez que, com isso, ele defenderia seu espaço, sua família, seu território, facilitando então a criação de milícias para defender a fronteira sul do país. O autor destaca ainda que tais milicianos chegaram a configurar 10% da população dessa porção sul da colônia, devido à necessidade de se defenderem ali das pretensões de expansão espanhola.

Até aqui, portanto, a ocupação no sertão ocorreu de modo caótico, impulsionada pela dualidade da abertura camponesa e do monopólio das elites. É um período nebuloso, de transição, esse compreendido entre a ocupação de 1795 e a formação do Império, devido à ausência de documentos tanto cartoriais quanto paroquiais e imperiais que permitam uma reconstrução histórica. Com a vinda da Coroa portuguesa para o Brasil, em 1808, o então Reino Unido de Portugal, Brasil e Algarves acabou com as sesmarias. Com o processo das Guerras Napoleônicas na

Europa, presenciou-se a falta de um modelo de uso de terras no Reino Unido de Portugal e Brasil. Logo, em 1822, com a independência, tem início uma mudança no processo de ocupação, tanto no aspecto legal quanto no prático. Ressaltamos a importância dos ingleses para a vinda da família imperial para o Brasil, uma vez que ela foi possibilitada pela Coroa inglesa. Portugal, como aliado do Reino Unido, teve sua corte removida de Lisboa, a fim de evitar o domínio napoleônico em mais uma nação europeia aliada da Coroa inglesa.

Com a Constituição Imperial de 1824, é garantido o direito da propriedade privada em sua plenitude, como citam Oliveira e Faria (2009). Mas há uma pequena confusão quanto a isso. Diversos pesquisadores estabelecem como marco do início da propriedade privada no Brasil a Lei de Terras, de 1850[i]. O equívoco existe porque a Lei de Terras veio apenas para legitimar o que já constava na Constituição Imperial, e também para legalizar as terras anteriormente tomadas pela elite. Lembramos que, como citado, antes de 1824 existia somente o direito ao uso, e não de propriedade das terras.

No Império, a ocupação foi incentivada, como nos assevera Tavares (2008). Anteriormente, a ocupação do campo era uma consequência do avanço dos desbravadores e da lógica dual do monopólio e da brecha camponesa. Contudo, ainda segundo Tavares, com a propriedade privada, a lógica de concentração de terras aumenta, obrigando massas de camponeses a irem para o interior, fugindo do controle imperial e dos proprietários.

---

i. Lei de Terras é o nome dado à Lei n. 601, de 18 de setembro de 1850, a qual versa sobre as terras devolutas do então Império Brasileiro. A propriedade privada já estava garantida com a constituição imperial de 1824. Tal lei pode ser facilmente encontrada no próprio *site* do governo federal, inclusive em meio digital: <http://www.planalto.gov.br/ccivil_03/LEIS/L0601-1850.htm>. Acesso em: 4 jan. 2016.

Como afirmam Woortmann e Woortmann (1997), a brecha camponesa existia no seio da sociedade escravista. Logo, com a propriedade privada, tal brecha vinha a se tornar também uma possibilidade de fugir da necessidade do documento que comprovava a propriedade da terra. A brecha, como afirma Cardoso (2004), era representada pela possibilidade de o escravo alforriado e o camponês pobre viverem e produzirem fora dos domínios da cidade ou do latifúndio. Poderiam assim manter certa autonomia produtiva e de vida, além de produzir cultivos alimentícios destinados ao mercado interno. É importante destacar que não devemos pensar, de modo algum, que o interior do Brasil era um vazio populacional. Durante todo o período colonial, camponeses de diversas origens, escravos fugidos, caboclos sem terra, colonos pobres etc. fugiram para o interior, ocupando terras, tendo o autossustento[ii] como característica, além do uso comum dessas terras – como nos iluminam os trabalhos de Tavares (2008), Campos (2011), Gomes (2015) e tantos outros.

A ocupação, portanto, passa a ter novas características, entre as quais se destacam:

» criação de grandes latifúndios improdutivos, uma vez que a terra tinha agora valor no mercado;
» exploração desenfreada dos meios naturais (devastação ambiental), graças à plenitude dos direitos sobre a propriedade privada;
» "importação" de mão de obra (via imigrantes);
» constituição do papel exportador do campo brasileiro.

---

ii. Como opção metodológica, o autor desta obra usa o termo *autossustento* em detrimento do conceito mais comum, o de subsistência. O motivo é que *subsistência* remete à ideia de uma sub-existência, ou seja, o camponês existiria abaixo do mínimo necessário de comida, lazer, cultura e dinheiro, pensamento aqui refutado.

Oliveira (2001; 2002) defende que essas características mostram que houve uma vitória da classe dos proprietários de terra sobre as outras classes (burguesa, proletária e camponesa). Isso se deu de modo particular no Brasil. Enquanto outros países tiveram uma vitória da classe burguesa, o que possibilitou uma industrialização pujante e um campo com pouca disparidade social, produtivo e ocupado por pequenas propriedades, no Brasil todo o desenrolar da industrialização (e, por consequência, do capitalismo) foi promovido pelos proprietários de terra.

Mudaremos agora o enfoque de nossos argumentos. Até aqui, focamos em uma cronologia, até certo ponto linear, sobre a formação do Brasil no que tange a seu território e campo. Agora, iremos nos focar na questão do campo, deixando de lado a linearidade. Fazemos isso porque, nesta obra, trabalhamos com a dialética, com a contradição. Portanto, neste primeiro momento, trouxemos um exame linear e cronológico; porém, vamos agora expandir os argumentos para questões mais amplas e atuais.

Como aponta Martins (2015), no Brasil foi a peonagem (aliciamento de camponeses para um trabalho não remunerado, semelhante ao escravo, porém sem envolvimento da questão racial nem de punições, como na escravidão) e o colonato (modelo que consistia na importação de mão de obra imigrante para as grandes fazendas do Sudeste do país) que possibilitaram a acumulação de capital necessária para a construção das indústrias, especialmente as de pequenas manufaturas, além da têxtil. Como consequência desse desenvolvimento, ocorreu o nascimento de uma indústria ainda muito dependente do campo, da especulação financeira[iii],

---

iii. *Especulação financeira* é a prática, no caso do proprietário de uma grande propriedade rural, de colocar sua terra como garantia do pagamento de empréstimo em algum banco. Tal empréstimo é utilizado não para tornar a fazenda produtiva, mas sim para investir no mercado de ações, na bolsa de valores.

com pouca concorrência e centrada geograficamente em uma província: São Paulo. Oliveira (2001) cita que, nos casos francês e estadunidense, foram necessárias uma revolução (a Revolução Francesa) e uma guerra (a Guerra Civil nos Estados Unidos) para que a classe burguesa estabelecesse seu domínio, por meio também de um pacto com o campesinato, realizando-se assim uma reforma agrária. Além de Oliveira (2001), Amin e Vergopoulos (1977) citam que o caso francês é emblemático, uma vez que a burguesia executou uma reforma agrária radical com o objetivo de beneficiar o campesinato. E, com essa aliança entre classes, foi possível promover a Revolução Industrial no país. Já em nosso país, isso nunca ocorreu.

Destacamos ainda que, no período entre o Império e o início da República, diversos conflitos armados se desenrolaram no campo brasileiro. Desde Canudos, no Nordeste, até o Contestado, no Sul do país, tais conflitos foram consequência da expulsão forçada dos camponeses de seus espaços de trabalho e de vida por parte dos proprietários aliados ao Estado. Ainda que a história nacional oficial, pública, tente mostrar de uma maneira pejorativa os camponeses nesses conflitos, a memória individual de gerações campesinas pertencentes aos locais onde se deram os conflitos ainda ressoa de modo diferente, mostrando que o objetivo dos conflitos era, para o campesinato, resistir perante o avanço da propriedade privada e do capital, a fim de manter as terras em que vivia e trabalhava (Morais, 2015).

O Estado tem papel primordial no Império. Com uma única classe no poder, a dos proprietários fundiários, trava-se a revolução industrial brasileira, deixando o campo fraco e monopolizado. Como cita Thompson (2005), ocorre uma "recampenização". No caso brasileiro, massas de ex-escravos migram para o interior, ocupando terras e levando uma vida de autossustento. Gomes (2015) trata da recampenização negra em toda sua obra, demonstrando como o Estado simplesmente ignorou tanto os negros quanto os outros sujeitos do campo por causa de uma política racista e eugenista, a qual pregava a superioridade da raça branca. As consequências disso são sentidas até hoje, uma vez que os negros brasileiros sofreram um bloqueio no acesso à terra, ao trabalho e à moradia fixa e legal.

Quem se beneficiava era a elite, que utiliza a terra não para produzir, mas para ter acesso ao mercado financeiro. A consequência desse esquecimento foi e continua sendo uma das razões da desigualdade social e racial no Brasil. As massas de camponeses e trabalhadores negros foram postas de lado no processo produtivo nacional. Com isso, estando à margem, como cita Gomes (2015), tais sujeitos sociais ficaram de fora dos benefícios da expansão produtiva no país.

> Com uma única classe no poder, a dos proprietários fundiários, trava-se a revolução industrial brasileira, deixando o campo fraco e monopolizado.

Após o fim do Império, na República Velha, o poder se centraliza ainda mais nessa classe de proprietários. A ocupação do interior segue autônoma e independente. O Estado não tem interesse em controlar tal ocupação, mas também demonstra interesse nulo em legalizá-la. O Estado é um instrumento de controle por parte dos proprietários fundiários. Como nos ensina Shumway (2008), ao citar o caso argentino (e um pouco do latino-americano), tais repúblicas têm interesse em somente uma classe, no benefício desta, e não em uma construção nacional.

Após 1930, com a Era Vargas, o campesinato ganha certa visibilidade. Como cita Oliveira (2001), é a tentativa de se quebrar o domínio da classe dos proprietários de terra e de se criar uma aliança ampla com a burguesia, camponeses, operários e parte dos proprietários fundiários então excluídos. Por intermédio de financiamento público, tem-se um incentivo à produção camponesa. Contudo, para satisfazer a classe burguesa, é também incentivada a migração para as cidades.

Aproveitando o êxito desta migração, após 1945, com o fim da ditadura de Vargas, encontramos governos de aliança entre a classe dos proprietários e a classe burguesa. A industrialização passa a ser o foco, o que faz com que a migração para as cidades aumente ainda mais. Contudo, vamos ao encontro do que novamente nos esclarece Oliveira (2001, 1996): não existiu um êxodo rural, mas sim uma grande migração, o que podemos comprovar vendo que a população absoluta do campo se mantém estável até os dias atuais. Com isso, temos nas cidades uma classe trabalhadora com fortes traços de campesinidade (Woortman, 1987).

Ao fim da aliança entre proprietários de terra e burgueses, que ocorreu com a ascensão de Joao Goulart ao poder, em 1961, houve uma ruptura: o golpe militar. Vamos, primeiramente, elencar os fatos que levaram à quebra da normalidade democrática:

» Jango assume o poder e deseja aplicar o plano de reforma agrária feito por Leonel Brizola no Rio Grande do Sul;
» sofre constantes ataques da oposição;
» o comício da Central do Brasil decreta o golpe;
» o golpe se deu não porque Goulart mexeu com os benefícios da classe capitalista, mas sim porque indicou a realização de uma **reforma agrária**;
» a classe dos proprietários não tolera que mexam na propriedade da terra, monopolizada em suas mãos, pois isso significa a retirada de capital rentista da mão dos proprietários.

Com a volta ao poder por meio da ditadura, a classe dos proprietários vê seus interesses garantidos. O governo militar cria o

Estatuto da Terra[iv], o qual garante uma reforma agrária lenta, sendo por isso uma lei *natimorta*, nunca tendo funcionado realmente. Seu objetivo real era povoar as fronteiras a fim de evitar invasões, além de ocupar o interior do país, considerado vazio, fomentando assim um nacionalismo no campesinato. Dessa forma, são criadas colônias de povoamento, especialmente no Norte do país. Existe uma tentativa fracassada de frear o latifúndio improdutivo, com o objetivo de fomentar o empresariado rural, uma vez que os latifundiários seguiram especulando no mercado financeiro e de crédito em vez de se tornarem empresários rurais (Oliveira, 1981). Como aliado da classe dos proprietários, o governo militar legaliza as propriedades griladas por eles, massacrando camponeses e indígenas no interior do país. Ou seja, o fracasso do freio ao latinfúndio improdutivo foi pensado e intencional.

Com o fim da ditadura, temos novamente uma democracia. Com diferenças entre ambos os regimes, podemos ter em mente que existe uma dualidade no campo brasileiro. Os latifúndios e empresas rurais de grande porte são, em sua maioria, de origem ilegal, com terras griladas, enquanto o campesinato se mantém em terras conquistadas com muito sangue e luta, ou vive ainda sem a garantia da propriedade. Na maior parte do tempo, a ocupação teve caráter não organizado, exceto por curtos períodos. Temos, hoje, após a volta de democracia, um avanço ainda lento na reforma agrária, graças às pressões exercidas pelos movimentos sociais do campo, que forçaram os governos FHC e Lula a realizarem uma tímida redistribuição (Oliveira, 2001). A política de Estado segue a mesma linha de raciocínio: incentivos gigantescos ao empresariado rural, ao agronegócio, em contraposição a

---

iv. O Estatuto da Terra, de 1964, está disponível no *site* do Governo Federal: <http://www.planalto.gov.br/ccivil_03/leis/L4504.htm>. Acesso em: 4 jan. 2016.

um incentivo mínimo ao campesinato. Seja nas figuras tanto dos sem-terra quanto dos posseiros (camponeses fixados há tempos na terra, porém sem título de propriedade), os conflitos no campo seguem acontecendo no Brasil e, aparentemente, longe de terem fim (Porto-Gonçalves; Alentejano, 2008).

## 2.3 A questão agrária no Brasil

Martins (1999, p. 99-100) afirma que questão agrária é o:

> bloqueio que a propriedade da terra representa ao desenvolvimento do capital, à reprodução ampliada do capital. Esse bloqueio pode se manifestar de vários modos. Ele pode se manifestar como redução da taxa média de lucro, motivada pela importância quantitativa que a renda fundiária possa ter na distribuição da mais-valia e no parasitismo de uma classe de rentistas. Não é manifestamente o caso brasileiro, ou não o é especialmente, embora também o seja de um modo indireto.

Ao fazer essas afirmações, Martins (1999) quer dizer que a propriedade da terra, centralizada nas mãos de poucos, acaba por impedir o desenvolvimento do capitalismo, pois a terra, na mão de poucos, serve para que esses poucos possam ter acesso ao crédito, hipotecando sua propriedade e a oferecendo como garantia do pagamento do empréstimo financeiro. Tal empréstimo, porém, não é utilizado na cadeia produtiva da propriedade, mas sim para benefício individual de seu proprietário. Para o capitalismo, o que interessa é a reprodução do capital, o que acontece por meio de sua reprodução ampliada, no processo **produtivo** – e não no especulativo. Podemos ver, na Figura 2.1, um exemplo de campo produtivo e não especulativo.

**Figura 2.1** – Feira da Reforma Agrária, já tradicional, realizada no Parque Água Branca, na cidade de São Paulo.

Aloisio Mauricio/Fotoarena

Existem vários focos sobre o tema da reforma agrária. A diversidade de enfoques é imensa e não podemos nos debruçar somente sobre um ponto, como nos recomenda Martins (1999). Devemos ter em mente que há uma questão na propriedade e no uso da terra na formação capitalista e em seu modo de produção. Não devemos nos centrar no pensamento de que reforma agrária é sinônimo de socialismo, mas sim de distribuição de acesso à renda e melhoria de vida, como nos mostra Martins (1999).

Outro autor, Stédile (2005, p. 15), resume a questão agrária:

> O conceito "questão agrária" pode ser trabalhado e interpretado de diversas formas, de acordo com a ênfase que se quer dar a diferentes aspectos do estudo da realidade agrária. Na literatura política, o conceito "questão agrária" sempre esteve mais afeto ao estudo dos problemas que a concentração da propriedade da terra trazia ao desenvolvimento das forças produtivas de uma determinada sociedade e sua influência no poder político. Na Sociologia, o conceito "questão agrária" é utilizado para explicar as formas como se desenvolvem as relações sociais na organização da produção agrícola. Na geografia, é comum a utilização da expressão "questão agrária" para explicar a forma como as sociedades, como as pessoas vão se apropriando da utilização do principal bem da natureza, que é a terra, e como vai ocorrendo a ocupação humana no território. Na História, o termo "questão agrária" é usado para ajudar a explicar a evolução da luta política e a luta de classes para o domínio e o controle dos territórios e da posse da terra.

No Brasil, existe ainda uma centralidade na questão da terra. Sua distribuição e democratização foi inexistente. Como nos explica Oliveira (2007), enquanto nos EUA e na França a classe burguesa destruiu a classe dos proprietários de terra latifundiários e realizou uma reforma agrária, o mesmo não aconteceu no Brasil. O que ocorreu foi a aliança entre ambas as classes. Isso originou um padrão esquizofrênico de capitalismo, no qual o capital adentra o processo produtivo com práticas não produtivas, como o acesso ao crédito bancário (capital financeiro), graças à hipoteca de latifúndios ou pela grilagem de terras "legalizadas". Desvia-se então a irracionalidade da compra de terras. A figura do proprietário de terras e do capitalista se fundem no Brasil, ainda no fim do século XIX, como afirma Martins (2015).

O principal pensador da questão agrária Brasileira foi Caio Prado Júnior. Em seu livro *A questão agrária* (1979) ele esmiúça os padrões e características do campo nacional, chegando à conclusão de que, desde as sesmarias, passando pelo período colonial, ocorria uma tríade no campo: a **grande propriedade**, o **monocultivo** e o **trabalho escravo**. Para o autor, nasce já no período colonial a grande chaga e problema brasileiro, a desigualdade social, uma vez que o acesso à ascensão social era praticamente impossível no campo, restando apenas a cidade.

Nunca ocorreu, em nosso país, uma reforma agrária digna, uma distribuição de terras que possibilitasse a ascensão social ou a vida digna ao campesinato. Tal classe sofre à revelia de grandes montantes de dinheiro advindos de políticas públicas destinadas ao agronegócio. Prado Júnior (1973; 1979) sempre destacou a falta total de distribuição de renda e acesso a ela por parte dessa classe no Brasil. A ocupação do campo e a formação econômica nacional foram, para o autor, sempre muito centralizadas, pouco interessadas no todo da população, preferindo se voltar para interesses privados.

> Ainda hoje testemunhamos, no Brasil, diversos conflitos no campo, bem como a dificuldade camponesa para viver e produzir, além de uma gritante desigualdade social.

Ainda hoje testemunhamos, no Brasil, diversos conflitos no campo, bem como a dificuldade camponesa para viver e produzir, além de uma gritante desigualdade social, reflexo do monopólio da terra. Como Montenegro Gómez (2010) destaca, os povos e comunidades tradicionais, em sua grande maioria posseiros, sofre com a falta de políticas públicas para auxiliar sua produção, com os ataques constantes dos governos municipais e estaduais e ainda com a concorrência desleal do agronegócio. De outro lado, há falta de políticas para distribuir as terras, como aponta Oliveira (2001).

Portanto, existe ainda uma centralidade na terra em nosso país, bem como a necessidade de possibilitar, pela reforma agrária, o acesso à terra e a uma vida digna, como já foi efetuado há muito tempo em outros países – como os já citados EUA e França, mas também a experiência do México, em sua Revolução de 1910, ou ainda o Japão, que buscava fomentar sua industrialização.

## Síntese

Aprendemos neste capítulo sobre a formação territorial do Brasil. Analisamos também como a expansão para o interior foi importante para o desenvolvimento das forças produtivas do país, as quais estavam totalmente dependentes do espaço agrário durante o período de avanço das fronteiras.

Vimos ainda a questão agrária brasileira, que se refere a um sério problema fundiário no campo, uma vez que não houve, em momento algum da história do país, uma redistribuição de terras. O acesso foi e continua sendo cerceado por uma classe, impedindo assim o acesso à terra.

## Atividades de autoavaliação

1. A questão da propriedade de terras é essencial para se compreender a produção do espaço agrário brasileiro. Devemos ter em mente que as diversas formas de se apropriar da terra nem sempre têm o mesmo resultado. Por exemplo, no sistema

sesmarial, a posse da terra era um modelo e uma consequência; já com a propriedade, o modelo e a consequência são outros. Enquanto no primeiro a essência está na posse de escravos, pouco importando a terra, pois ela depende da posse de escravos, no segundo é a terra que dita a importância econômica do modelo. Portanto, a propriedade da terra vem a fomentar as disputas no campo e também o capitalismo agrário no Brasil. Diante dessas informações, assinale a alternativa que apresenta o ano em que a propriedade passou a ser entendida como mercadoria no Brasil.

a) Em 1808, com a chegada da família real ao país.
b) Em 1795, com o fim da Lei de Sesmarias.
c) Em 1946, com a nova Constituição.
d) Em 1850, com a Lei de Terras.
e) Em 1824, com a Constituição Imperial.

2. A ocupação do campo brasileiro ocorreu de modo desordenado até certo período. Não havia uma política governamental ou privada que a regesse. Quando a ocupação do campo passou a ser incentivada e ordenada?

a) No Império.
b) Na República Velha.
c) Na Era Vargas.
d) Na Ditadura Militar.
e) Após a Constituição de 1988.

3. Podemos citar dois elementos que foram muito importantes para a formação territorial do Brasil, tendo sido responsáveis por ampliar e consolidar as fronteiras nacionais, fosse através de conflitos ou meios legais. Esses elementos são:

a) Tropeiros e D. Pedro II.
b) Tropeiros e D. Pedro I.

c) Bandeirantes e Marquês de Pombal.
d) Bandeirantes e Barão do Rio Branco.
e) Bandeirantes e tropeiros.

4. A reforma agrária traria um aumento na produção no campo, em detrimento do processo meramente especulativo, que nada produz para os mercados, somente dinheiro para o dono da terra. Considerando esse contexto, por que motivo a classe dos proprietários de terra mantém o monopólio sobre a terra?
   a) Para manter o monopólio político.
   b) Para ter acesso ao crédito e manter o campesinato à margem.
   c) Para ter acesso ao crédito, pura e simplesmente.
   d) Para manter sua produção a salvo de conflitos.
   e) Porque a terra lhe pertence e a propriedade é sagrada.

5. O campo brasileiro foi palco de diversos massacres de indígenas e camponeses durante toda sua história. Esses conflitos no campo brasileiro tiveram um fim definitivo?
   a) Ocorre uma paz no campo desde a redemocratização.
   b) Os conflitos seguem, apesar de estarem diminuindo, e a figura dos sem-terra é sua única vítima.
   c) Os sem-terra perderam voz e espaço no campo, e hoje somente os posseiros lutam pela terra no Brasil.
   d) As lutas ainda existem, mas estão em franca decadência, acreditando-se que em poucos anos os conflitos terão acabado no campo brasileiro.
   e) As lutas ainda existem e parecem estar longe de se acabar. Posseiros e sem-terra protagonizam esta luta ainda hoje.

# Atividades de aprendizagem

## Questões para reflexão

1. Por que certos autores, tanto marxistas quanto de outras correntes teóricas, citam que a terra, sendo monopólio de uma classe, acaba por dificultar o desenvolvimento do capitalismo?

2. Vimos como a ocupação e a própria formação territorial do Brasil foi capitaneada pela classe dos proprietários de terra. Você acredita que tal processo ainda se reflete em nossa política atualmente? A chamada banca ruralista ainda tem força no Congresso?

## Atividades aplicadas: prática

Relembrando os conhecimentos que foram construídos ao longo do capítulo, faça uma pesquisa – seja por meio de *sites* da prefeitura de seu município, seja entrevistando alguém mais velho – para compreender o processo de ocupação do campo brasileiro, em particular de seu município, anotando as principais informações. Muito provavelmente, você vai se deparar com um município de recente ocupação ou, ainda, com um município que viveu um grande *boom* populacional nos últimos sessenta anos. Isso mostra como a ocupação do Brasil é recente e como a dinâmica de imigração foi e continua sendo forte em certas regiões do país.

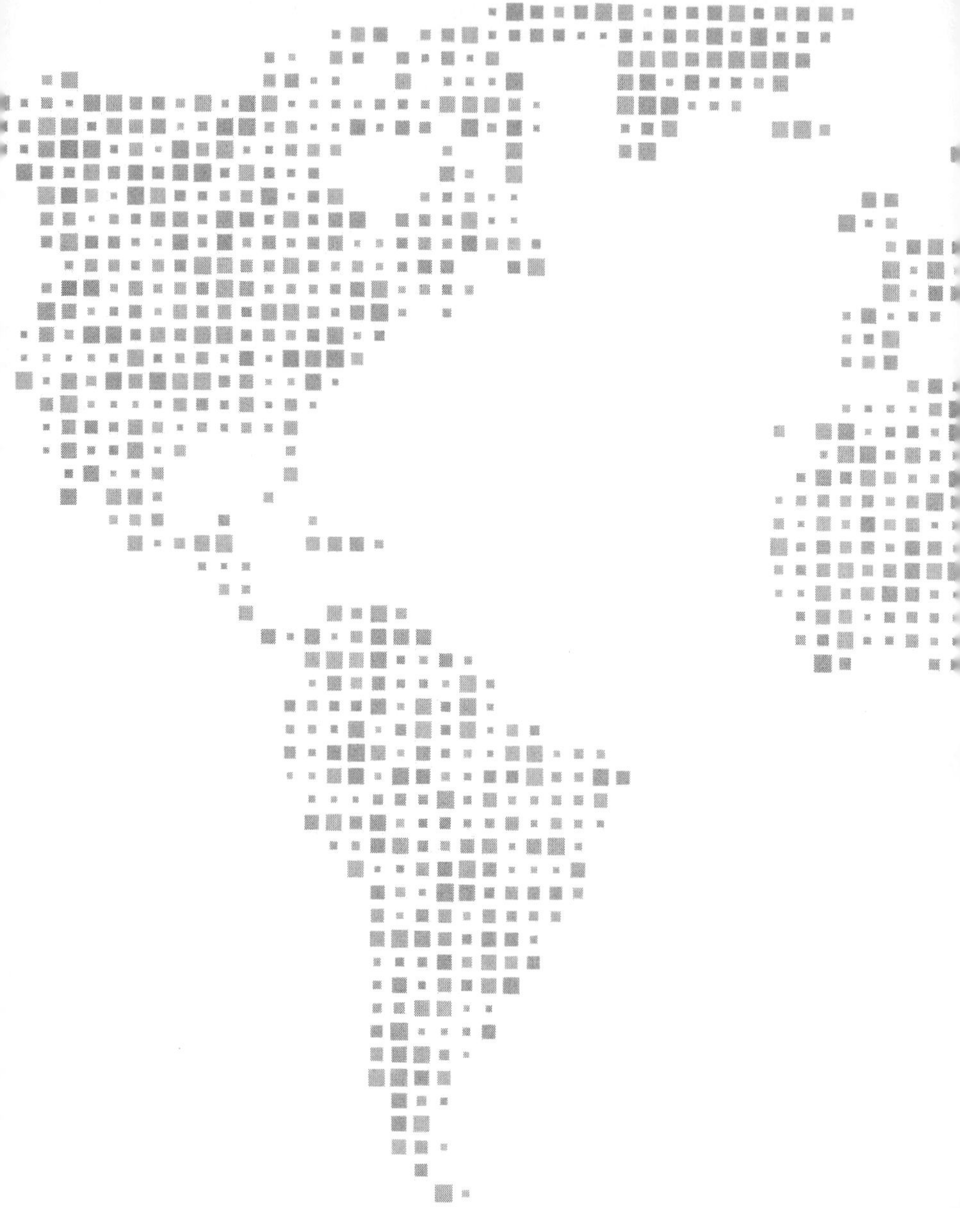

# 3
# Os sujeitos do campo: do camponês ao latifundiário

Neste capítulo, vamos estudar os sujeitos do campo. Já vimos um pouco, no Capítulo 2, sobre a estrutura fundiária do campo brasileiro. Cabe agora analisar os sujeitos que vivem nessa estrutura, que produzem nesse espaço.

Entendemos nosso método por e a partir da classe social, como nos ensinou Edward Palmer Thompson (2012). Logo, faremos aqui a divisão em classes sociais para a compreensão dos sujeitos do campo. Iremos aprender sobre o campesinato tendo como fontes desde autores clássicos até os referenciais mais importantes da atualidade.

Cabe também ressaltar que, mais adiante, analisaremos ainda o Estado como um produtor também do espaço agrário, como um sujeito que está no campo e o modifica.

## 3.1 Quem é o camponês? A teoria campesina

De modo geral, o campesinato se refere às famílias que vivem no campo e lá produzem todos os aspectos de sua vida – culturais, sociais, econômicos, ambientais etc., atrelados à rotina no espaço agrário. Duas características são centrais para esses sujeitos: a luta permanente pela manutenção do bem-estar familiar e a busca incessante por uma autonomia produtiva (Shanin, 1983).

A diversidade do campesinato é marcante e reconhecida por seus estudiosos há muito tempo. Chayanov (1985), já na década de 1920, elencava que a classe camponesa deveria ser entendida como diversa e complexa. Segundo o autor, o que dá a coesão a essa classe não é sua identidade, mas sim a constante manutenção de sua família e da comunidade com certo grau de autonomia. Ou seja, temos aqui o entendimento de que o campesinato é uma classe que abraça diversos grupos identitários.

Ainda segundo Chayanov (1985), o objetivo do campesinato é trabalhar menos e conseguir gerar, ainda assim, a manutenção da vida familiar. Esta seria a característica e o objetivo principal do campesinato em sua propriedade. Apesar de analisar os camponeses russos, o autor cita que os sujeitos do campo, de modo geral, têm nessa característica um aspecto primordial. Ou seja, apesar de culturas, certas práticas e outras características se mostrarem distintas dentro do mundo camponês, existe uma coesão em certos pontos dessa classe.

> O camponês tem na terra a reprodução de sua vida, seu trabalho e sua família. Ser um proprietário serve tão somente para que este camponês tenha assegurada sua permanência na terra.

Cabe destacar que o reconhecimento do camponês como proprietário é compreendido, às vezes, como sinônimo do camponês como dono dos meios de produção – ponto de vista especialmente compartilhado pelos seguidores da obra de Kautsky. É interessante notar como a lógica camponesa não se atrela ao modo capitalista de produção, no qual o dono do meio de produção é o grande capitalista. O camponês tem na terra a reprodução de sua vida, seu trabalho e sua família. Ser um proprietário serve tão somente para que o camponês tenha assegurada sua permanência na terra. Não está em jogo, assim, a mais-valia, porém a reprodução da família.

**Figura 3.1** – Camponês em carroça na porção sul da Região Metropolitana de Curitiba

Gustavo Olesko

Ainda que sofra críticas severas, sendo tratado inclusive como populista[i] (o que lhe rendeu certo preconceito por parte da comunidade científica por longos anos), Chayanov é resgatado por Shanin (1983). Deixando de lado o viés demográfico e por vezes isolado de Chayanov[ii], Shanin reafirma que o campesinato não pode ser entendido como uma generalização, não pode ser homogeneizado. Sua crítica se dirige especialmente aos seguidores de Redfield,

---

i. Populistas eram membros de um movimento político e intelectual essencialmente russo (quiçá eslavo) que creditava ao campesinato a possibilidade da Revolução. Foram e ainda são acusados de ser contrarrevolucionários, devido ao fato de seus escritos não serem marxistas, na acepção mais ortodoxa do conceito.

ii. Crítica presente de Shanin à Chayanov é sua ausência de relações com o todo, trabalhando em diversas partes de sua obra com o campesinato apenas dentro da economia nacional, deixando de lado os parâmetros de circulação e (re)produção de mercadorias e capital no sistema global do capital.

antropólogo estadunidense que acabou por nortear diversos estudos que tratavam do campesinato como entidade mundialmente homogênea, seja na cultura, seja nas práticas econômicas, sociais e até mesmo espaciais. Para Shanin (1983), o campesinato se entende como classe em momentos de crise. A diferenciação interna existente dentro do campesinato é posta de lado quando necessário, permitindo que a coesão da classe se torne clara e evidente. Portanto, diferentes identidades e grupos acabam por ter características coesas devido a sua condição de camponeses.

Segundo Shanin (1983), devemos compreender que, em suas múltiplas faces, o campesinato é também explorado. Seja proprietário de terra, posseiro ou sem-terra, seja "povo e/ou comunidade tradicional", o camponês é, enquanto classe, necessário e quase sempre subordinado ao capital. Apesar de Mendras (1978) afirmar que é sempre objetivo central da família camponesa a manutenção e ampliação de sua autonomia perante a sociedade, tal objetivo seria de certa forma utópico, mas ainda assim sempre desejável para os campesinos. Para tanto:

> Os camponeses continuam a existir, correspondendo a unidades agrícolas diferentes, em estrutura e tamanho, do clássico estabelecimento rural familiar camponês, em maneiras já parcialmente exploradas por Kautsky. Os camponeses são **marginalizados**. [...]
> 
> Eles servem ao desenvolvimento capitalista em um sentido menos direto, um tipo de "acumulação primitiva" permanente, oferecendo mão de obra barata, alimentação barata e mercados para bens que geram lucros. (Shanin, 1980, p. 58, grifo do original)

O que Shanin nos mostra é que, apesar de alguns autores defenderem o fim do campesinato em seus trabalhos, tal fato está longe de ocorrer. Vemos isso claramente no Brasil, seja pela produção de alimentos, quase totalmente oriunda desses sujeitos, seja pelos conflitos gerados pela luta por terra, seja para permanecerem nela.

Shanin (1983) afirma ainda que devemos ter em mente, também, que não se pode trabalhar somente com o modelo clássico da unidade familiar, que é diversa e de complexo entendimento. No Brasil, por exemplo, podemos ver desde assentamentos, pequenos proprietários caboclos ou descendentes de imigrantes, até o uso comum e coletivo da terra, entre outras práticas existentes dentro da classe camponesa enquanto modelo de uso e produção na terra.

Contudo, devemos entender, assim como Shanin, que os camponeses, independentemente de sua produção, são marginalizados. De acordo com Moura (1986, p. 12): "O campesinato é sempre um polo oprimido em qualquer sociedade. Em qualquer tempo e lugar a posição do camponês é marcada pela subordinação aos donos da terra e do poder, que dele extraem diferentes tipos de renda: renda em produto, renda em trabalho, renda em dinheiro".

Moura (1986) discorre também sobre os diversos modos de se definir o campesinato. A autora chega ao entendimento de que não se pode escolher uma definição dura e sectária, mas deve-se tentar trabalhar com um arquétipo amplo e que abrace a complexidade. Logo, constrói o entendimento de que o camponês é o cultivador em oposição à cidade, em oposição à sede do poder político, sofrendo então uma subordinação permanente. Vale destacar que Moura (1986) e Paulino (2012) defendem que os próprios camponeses não se identificam, não se reconhecem no conceito de classe amplamente trabalhado. No entanto, isso não serve para apagar a construção intelectual acerca da classe camponesa. Como afirma Paulino (2012, p. 30): "Não se trata de uma questão meramente vocabular, mas eminentemente política".

O camponês, segundo Bartra Vergés (2011, p. 67), é esquivo por natureza: sua verdadeira imagem é difícil de captar, visto que ele é um pouco fazendeiro, um pouco burguês e um pouco proletário. Fazendeiro[iii], pois retira da terra seu sustento; burguês, pois é "dono dos meios de produção"; e proletário, porque vive de seu trabalho. O camponês é uma pluralidade. De modo geral, o campesinato pode ser entendido como o trabalhador rural autônomo com algum acesso à terra – contudo, não é apenas isso. Almeida (2006) relata que os camponeses não são uma classe pura do modo de produção capitalista, mas proprietários de terra e trabalhadores. A organização do campesinato, ainda segundo a autora, fundamenta-se em uma relação não capitalista. Fato importante é que o campesinato não deseja a terra como meio de produção, mas como espaço de autogestão.

Almeida (2006) analisa e discute o caráter da propriedade da terra, diferenciando a propriedade camponesa da capitalista. Destaca ainda que há uma diferença abissal entre a terra para o camponês e a terra para o capitalista. Como citamos, para o primeiro a terra é um local de trabalho e vida, enquanto para o segundo ela é um negócio, um meio de se captar a renda:

> Diante desta avalancha economicista, resta perguntarmos: por acaso existe possibilidade de uma redistribuição ampla e irrestrita da propriedade da terra no Brasil fora do marco da luta de classes?

---

iii. Bartra (2011) usa tal termo para designar a produção no campo, diferenciando o campesinato da classe dos proprietários de terra, que vivem da renda da terra.

Neste início de século, parece ser este o grande nó: insistir no economicismo, na viabilidade econômica dos assentamentos ou assumir o caráter de classe da reforma agraria, isto é, o enfretamento entre terra de trabalho (camponeses) *versus* terra de negócio (capitalistas). Caso o caminho seja a primeira opção, deixaremos de questionar a estrutura do poder, isto é, a ruptura do pacto terra/capital, fazendo a reforma agrária do Estado que combina o arcaico e o moderno; por conseguinte, agradando a elite fundiária pela possibilidade que cria de ser justo, lenta e com prévia indenização. (Almeida, 2006, p. 91)

O campesinato não só entende a terra como local de trabalho e de vida, mas também rejeita e combate a terra alugada, o trabalho vendido e o capital livremente investido (Wolf, 1984). A terra enquanto mercadoria é despojada de suas obrigações sociais e culturais. Ela serve para extração de renda, deixando de ser um meio para se obter o sustento da família e um local de (re)produção da comunidade. Para Wolf, além de a terra ser um local de trabalho e vida, para a classe camponesa ela é parte da paisagem, sendo essa, portanto, também uma característica de cada comunidade camponesa. Há uma heterogeneidade de comunidades camponesas, cada uma com características e práticas distintas, assim como há terras, paisagens, climas e solos diferentes que dão ao universo campesino uma diversidade ainda maior.

Por se constituírem em importantes engrenagens na produção do capital, não há o fim do campesinato. De um lado, temos aqueles que insistem no conceito de agricultor familiar como norte para o entendimento dos sujeitos do campo – um conceito vazio de política, cultura, história e espacialidade, pois trata desses sujeitos apenas por seu viés produtivo, considerando o conceito de campesinato como atrasado, arcaico, uma "não inserção no mercado", como Sauer (2010) analisa. De outro lado, temos aqueles que analisam os sujeitos do campo a partir de suas lutas e territorialidades, mas que refutam o campesinato enquanto classe, trabalhando então somente com suas diversas identidades, os chamados *povos e comunidades tradicionais*.

## 3.2 O que é o latifúndio? Sobre o uso e a propriedade da terra

Ao abordamos a propriedade da terra em nosso país, apresentamos primeiramente o conceito de latifúndio e, em seguida, analisamos os usos da terra no Brasil e o elemento da propriedade privada em si.

O termo *latifúndio* tem sua origem filológica ainda na Roma Antiga, designando uma grande parcela de terra sob o domínio de aristocratas, os quais se utilizavam de escravos para o cultivo. Atualmente, no Brasil, esse termo é utilizado para descrever uma grande porção de terras pertencente, legalmente ou não, a uma família, pessoa ou empresa que ali nada produz, utilizando-a somente para ter acesso ao capital rentista – aquele obtido no mercado financeiro, sem objetivo final produtivo, apenas especulativo, como vimos anteriormente. Os movimentos sociais, todavia, utilizam a palavra *latifúndio* também para qualquer propriedade muito grande, não distinguindo se é produtiva ou não (Oliveira, 2001).

A questão do latifúndio no Brasil é seminal e indissociável de nossa história e nossos problemas sociais. Como vimos, é a concentração fundiária, o monopólio da terra que faz com que no país a desigualdade social seja ainda gritante. Como nos mostra Oliveira (1994), a luta no campo brasileiro é secular. E a questão da propriedade da terra é, igualmente, antiga.

Atualmente, no Brasil, o termo *latifúndio* é utilizado para descrever uma grande porção de terras pertencente, legalmente ou não, a uma família, pessoa ou empresa que ali nada produz.

Como trabalhamos, a concentração da terra serve a um propósito: é com o monopólio que se consegue manter a concorrência da produção camponesa limitada e controlada. Ocorre então aquilo que Amin e Vergopoulos (1977) já anunciavam sobre o capitalismo no campo: ele se mostra irregular, disforme e desigual em sua expansão pelo espaço geográfico do campo.

Tais autores são fundamentais para a compreensão da propriedade privada no campo. Para eles, a propriedade é, por definição, uma irracionalidade, uma posição que vai ao encontro do que Martins (2015) também defendia. Mas por que a propriedade privada seria uma irracionalidade dentro do capitalismo? Pelo simples fato de que o capitalista deve comprar a terra, utilizando um capital que acaba por ficar ali, preso, não entrando no processo produtivo, como nos trazem Amin e Vergopoulos (1977). Enquanto alguns países mais centrais para o capitalismo solucionaram a concentração da propriedade privada nas mãos de poucos com a reforma agrária, tornando o acesso à terra livre ou muito barato, nos países periféricos a terra se manteve concentrada nas mãos de poucos, os quais, muitas vezes, obtiveram-na sem necessidade de compra. No caso brasileiro, isso aconteceu por meio da grilagem de terras legalizadas por governos passados, ou simplesmente ignoradas pelos governos mais recentes.

Portanto, vemos aqui a importância da terra e de sua propriedade nas mãos de poucos. Destacamos que existe uma diferença entre aquilo que se considera a propriedade privada da terra e a propriedade camponesa da terra. Ainda que legalmente sejam conceitos idênticos, devemos compreender que a terra para a classe capitalista e para a classe dos proprietários é um meio de se obter lucro e nada mais. Já para o campesinato, a terra é o local de trabalho, de reprodução da vida, como nos ensinam Woortmann e Woortmann (1997). Podemos assim ver um desenrolar muito particular no que toca à propriedade no Brasil. Como já vimos, no período sesmarial o que valia perante a lei era a posse e o uso, não a propriedade. Com a Constituição Imperial de 1824, esse contexto se modificou. O artigo 179 daquela Constituição determina o seguinte:

> Art. 179 – A inviolabilidade dos Direitos Civis e Políticos dos Cidadãos Brasileiros, que tem por base a liberdade, a segurança individual **e a propriedade**, é garantida pela Constituição do Império, pela maneira seguinte.
>
> XXII – **É garantido o Direito de Propriedade em toda a sua plenitude.** Se o bem público legalmente verificado exigir o uso e emprego da Propriedade do Cidadão, será ele previamente indenizado do valor dela. A Lei marcará os casos em que terá que lograr esta única exceção, e dará as regras para se determinar a indenização. (Brasil, 1824, grifo nosso)

Esse é o marco jurídico que impõe, pela primeira vez, a propriedade privada no Brasil – ainda que seja um tanto abrangente e não legalize as posses anteriores à Constituição. Contudo, é com ela que tem início a mudança de que tratamos anteriormente: a substituição do escravo pela terra, como elemento de valor para a elite.

Para resolver o problema da não legalização das terras em posse da elite antes de 1824, em 1850 o Império elabora a Lei n. 601, a chamada **Lei de Terras**, que trata das terras devolutas do Estado. Tal lei delimita que a obtenção de terra somente possa ser realizada via compra e venda. Além disso, proíbe a posse. Esses dois pontos automaticamente impossibilitam a obtenção de terras por parte do campesinato, visto sua pobreza, e também criminalizam a gigantesca maioria desses sujeitos, já que a posse era a característica comum e majoritária nas propriedades camponesas. Ao mesmo tempo, a Lei de Terras legaliza todas as posses e títulos de sesmarias – o que beneficia somente a elite, uma vez que o campesinato não tinha qualquer título de sesmaria e sua posse não poderia ser comprovada como anterior à lei, como nos ensina Cirne Lima (1954).

Com a República, destinam-se as terras públicas aos estados, o que reforça o padrão desenfreado de grilagens. As elites acabavam ganhando terras dos estados em troca de apoio político. Com a Constituição de 1946 (Baleeiro; Lima Sobrinho, 2012), é ainda garantida a inviolabilidade dos direitos de propriedade; contudo, no artigo 141, inciso 16, destaca-se que existe a possibilidade de desapropriação com devida indenização, com vistas ao interesse público ou social. Tem início, então, a ideia da função social da terra.

Com o Estatuto da Terra, de 1964, a função social da propriedade atinge, finalmente, o nível legal. Os principais pontos da lei são os seguintes:

Art. 1º Esta Lei regula os direitos e obrigações concernentes aos bens imóveis rurais, **para os fins de execução da Reforma Agrária** e promoção da Política Agrícola.

§ 1º Considera-se **Reforma Agrária o conjunto de medidas que visem a promover melhor distribuição da terra**, mediante modificações **no regime de sua posse e uso**, a fim de atender aos princípios de **justiça social e ao aumento de produtividade**.

§ 2º Entende-se por Política Agrícola o conjunto de providências de amparo à propriedade da terra, que se destinem a orientar, no interesse da economia rural, as atividades agropecuárias, seja no sentido de garantir-lhes o pleno emprego, seja no de harmonizá-las com o processo de industrialização do País.

Art. 2º É assegurada a todos a oportunidade de acesso à propriedade da terra, condicionada pela sua **função social**, na forma prevista nesta Lei.

§ 1º A propriedade da terra desempenha integralmente a sua **função social** quando, simultaneamente:
a.  favorece o bem-estar dos proprietários e dos trabalhadores que nela labutam, assim como de suas famílias;
b.  mantém níveis satisfatórios de produtividade;
c.  assegura a conservação dos recursos naturais;
d.  observa as disposições legais que regulam as justas relações de trabalho entre os que a possuem e a cultivam.
[...]

V – "**Latifúndio**", o imóvel rural que:

a. exceda a dimensão máxima fixada na forma do artigo 46, § 1°, alínea b, desta Lei, tendo-se em vista as condições ecológicas, sistemas agrícolas regionais e o fim a que se destine;

b. não excedendo o limite referido na alínea anterior, e tendo área igual ou superior à dimensão do módulo de propriedade rural, **seja mantido inexplorado** em relação às possibilidades físicas, econômicas e sociais do meio, **com fins especulativos**, ou seja deficiente ou inadequadamente explorado, de modo a vedar-lhe a inclusão no conceito de empresa rural. (Brasil, 1964, p. 1-2, grifo nosso)

Apesar de não ter funcionado em sua totalidade, nota-se que o Estatuto da Terra tinha o objetivo ideal de acabar com o caráter não produtivo do latifúndio. A **propriedade da terra deixa de ser absoluta,** ganhando o mecanismo de função social, a fim de ser melhor distribuída. Nota-se, na lei, um caráter de fomento à industrialização do país.

Com o fim da ditadura militar e o advento da democracia, em 1988 é estabelecida pelo Congresso uma nova Constituição Federal. Nela, a função social da propriedade é mantida e ampliada. Seu artigo 186 determina que a função social da terra é atendida quando se respeitam os seguintes requisitos:

I. aproveitamento racional e adequado;

II. utilização adequada dos recursos naturais disponíveis e preservação do meio ambiente;

III. observância das disposições que regulam as relações de trabalho;

IV. exploração que favoreça o bem-estar dos proprietários e dos trabalhadores. (Brasil, 1988)

A função social se consolida como uma premissa básica para que seja possível possuir e manter a posse de uma propriedade privada no Brasil. Ela estabelece que tal propriedade deve cumprir um uso racional e adequado, ou seja, deve ser produtiva. Deve também preservar a natureza – e para tanto foi criado o Código Florestal Brasileiro. Ponto também importante é que a função social discute as questões do trabalho, afirmando que deve haver concordância com as leis trabalhistas. Por fim, a exploração da propriedade deve favorecer o bem-estar não só dos proprietários, mas também dos trabalhadores que ali estão. Todas essas preocupações representam um grande avanço, uma vez que não há mais a propriedade absoluta da terra no Brasil. O proprietário não pode, portanto, fazer o que bem entende, sendo obrigado a cumprir regras.

> Com o fim da ditadura militar e o advento da democracia, em 1988 é estabelecida pelo congresso uma nova Constituição Federal. Nela, a função social da propriedade é mantida e ampliada.

Ainda na Constituição Federal de 1988, no artigo 184, está determinado que o Estado tem o dever de desapropriar os imóveis rurais que não cumpram a função social, destinando-os para a reforma agrária. Seus proprietários deverão ser indenizados, contudo a desapropriação é irreversível.

## 3.3 O Estado e seu papel no campo

Podemos dizer que existe uma não acumulação camponesa no campo, causada pelo monopólio (oligopólio, por vezes) da terra e do capital, como já vimos – o que ocorre por conta do apoio do Estado a que se forme tal monopólio. O território, para Etges (1990), deve ser entendido por seu uso, e não pelo seu domínio somente. Há uma centralidade evidente na (não) distribuição de terras no que tange à questão agrária no Brasil.

O campesinato, como um todo, ou grande parte dele, tem a sua renda da terra subordinada pelo capital com o achatamento dos preços pagos por sua produção. Isso ocorre graças ao monopólio da terra ou do capital por parte do empresariado, por meio da territorialização do capital no campo. As relações sociais são espacializadas, portanto o capital também se "espacializa" pela subordinação da renda da terra camponesa. Neste caso, ele não necessita tomar as terras dos camponeses, mas sim a renda da terra em que eles produzem.

Baseando-se em José de Souza Martins, Ariovaldo U. de Olivera e Rosa Luxemburgo, Etges (1989) afirma que o capitalismo não necessita de relações capitalistas para produzir mais capital. É citando Luxemburgo (1985) que a autora elenca que o capitalismo almeja a produção de mercadorias, não necessariamente a (re)produção de relações capitalistas. É na circulação das mercadorias dos camponeses que se encontra a extração da renda da terra camponesa por parte do capital. Entendendo a relação de produção camponesa como não capitalista, mas sim subordinada ao capital, Etges defende que essa exploração é o modo de se produzir capital, tendo esse capital respaldo quase obrigatório e permanente do Estado, que o fomenta e incentiva a realizar práticas de subordinação do campesinato novamente ao capital. O papel do Estado, portanto, é essencial para a articulação do capital. É o Estado que oferece terras para a classe dos proprietários ou ignora as irregularidades na propriedade de suas terras – com isso eliminando a irracionalidade da compra de terras. É também ele que articula e enseja a exploração camponesa por parte daquele mesmo capital.

Mas o papel do Estado vai além. Como as desigualdades são necessárias para a expansão do capital, elas são apropriadas pelo capital, com o objetivo de torná-las funcionais para sua reprodução ampliada.

Por fim, fica evidente como a territorialização do capital no campo é possível, e ocorre pela articulação desse mesmo capital por parte do Estado. A espacialização dessa exploração é vital para sua futura reprodução ampliada.

Já Oliveira (1981) diz que o Estado segue sendo vital na reprodução do capitalismo no campo, especialmente na supressão/repressão ao campesinato perante a influência da classe dos proprietários de terra. O acesso à terra é raro e, quando ocorre, ainda deixa o campesinato refém dos latifundiários ou agroindustriais. O avanço da agroindústria é, então, nada mais que uma face mais atualizada e produtiva em relação àquela anteriormente existente: a do grande latifundiário que usava suas terras como ferramenta de poder político e econômico, para ter acesso ao mercado de créditos sem, contudo, injetar dinheiro no processo produtivo.

Para Amin e Vergopoulos (1977), como já citamos, uma vez que o capitalismo é disforme, desigual e combinado em suas práticas e expansões, torna-se necessário um mediador, no caso o Estado. É ele que articula, por meio de alianças de classe, a forma como se dará a formação no campo do capitalismo. Os autores apresentam exemplos, como a França, onde a aliança do campesinato com a burguesia construiu um campo com população produtiva em pequenas propriedades familiares – caso similar ao dos EUA, onde os ranchos familiares predominam na paisagem do campo.

Enquanto isso, no Brasil, a classe dos proprietários de terra é que dominou o cenário político, e em consequência, o Estado. Assim, não ocorreu qualquer contrapartida em relação ao campesinato, ficando o campo brasileiro monopolizado.

É nesse ponto que vemos como o Estado serve de maestro da composição da produção do espaço. É ele que beneficia uns em detrimento de outros. Fernandes (2005) aponta que movimentos sociais (tratados pelo autor como socioterritoriais) surgem, então, como resposta a esse cenário, lutando pela sua permanência na terra, em seus territórios de vida, indo contra a lógica do Estado – o qual segue a racionalidade do capital, ignorando os sujeitos sociais como um todo. As mudanças pós-1990 no Brasil, com a entrada do neoliberalismo, acabam por dar um caráter diferenciado ao Estado: se antes ele era marcado pelas benesses da classe dos proprietários, ele passa a ser mínimo para o conjunto da sociedade e máximo para os interesses do capital (Porto-Gonçalves, 2006), como podemos constatar nesta passagem:

> É fundamental entender que o Estado brasileiro tem função histórica e ainda vigente na estrutura fundiária do campo: é ele que impede a distribuição de terras e orquestra a permanência do latifúndio.

> esta reestruturação do Estado significou novas relações com/contra as dominantes tradicionais num novo quadro político. Nele, as relações tradicionais de dominação historicamente tecidas pela elite crioula

com/contra os povos originários, os indigenatos, os camponeses, os afrodescendentes e os assalariados públicos e privados começam a ser diluídas e, posto que a preocupação com a inserção na economia global é maior que a preocupação com a integração social interna – como, de certa forma, se colocava nos anos 60 e 70 sob a forte presença dos movimentos populares –, começam a emergir como novos velhos protagonistas que, até aqui, estiveram invisibilizados e submetidos àquelas relações sociais e de poder tradicionais. (Porto-Gonçalves, 2006, p. 10)

Portanto, podemos concluir o Estado não se faz ausente em sua relação com o campo. A produção do espaço agrário é marcada pela presença estatal, não como ator principal, mas como ferramenta que permite a expansão do capital com a monopolização da terra. É fundamental entender que o Estado brasileiro tem função histórica e ainda vigente na estrutura fundiária do campo: é ele que impede a distribuição de terras e orquestra a permanência do latifúndio. Seus apoios ao agronegócio também são notáveis – uma tentativa de criar um capital produtivo no campo –, contudo, a ausência de uma reforma agrária que possibilite às massas camponesas produzir de modo digno acaba por cercear a possibilidade de uma concorrência no campo.

Diferentemente dos ranchos familiares dos EUA, as propriedades camponesas no Brasil ainda sofrem para produzir e sobreviver, ainda que sejam grandes produtoras de alimentos para a nação. Estamos diante de uma luta histórica dos produtivos contra os especuladores, a qual tem sido financiada pelo Estado.

# Síntese

Vimos, neste capítulo, que o campesinato é uma classe *sui generis* do capitalismo (Paulino, 2012) e que não está fadada ao fim, como algumas correntes teóricas defendem. Seu conflito e sua luta são constantes contra seu maior antagonista: o grande proprietário do campo. A diferença entre essas classes é que, enquanto o campesinato tem na terra seu lugar de vida e trabalho, os proprietários têm na terra um local de produção de renda. Ou seja, o camponês vê a terra como parte de sua vida, enquanto o grande proprietário vê na terra somente um lugar de extração de renda e nada mais, como podemos ver no quadro a seguir:

**Quadro 3.1** – Quadro comparativo entre o campesinato e o latifundiário

|  | Campesinato | Latifundiário (proprietário) |
|---|---|---|
| Propriedade | Local de vida e trabalho | Local de extração de renda |
| Produção | Alimentos | *Commodities* |
| Relação com o mercado | Mercado interno Subordinado | Mercado externo Subordina |
| Trabalho | Familiar ou comunitário | Exploração do camponês ou assalariamento |
| Relação com o Estado | Subordinação Obedece ao Estado e demanda políticas públicas | Autoridade Manda no Estado e cria políticas públicas para si |
| Organização | Descentralizada, familiar ou em nível da comunidade | Centralizada, empresarial quando produtiva |

121

O Estado tem papel vital nesse cenário, pois é ele que atua como mediador da luta entre as classes de camponeses e latifundiários, tendo importância central para a reprodução de ambas, tanto social quanto economicamente. Sem o Estado, o conflito entre as classes seria ainda mais brutal; portanto, cabe a ele mediar os conflitos. Porém, como vimos, o Estado acaba agindo em favor da classe dos proprietários, devido ao grande poder econômico retido por ela. Todo esse contexto nos serve como ferramental para podermos compreender e analisar o próximo capítulo, no qual examinaremos a produção no campo por parte dos camponeses e latifundiários.

## Atividades de autoavaliação

1. O campesinato é um dos elementos mais importantes e presentes no espaço agrário. Sem ele, grandes mudanças produtivas e culturais seriam sentidas no campo e no país como um todo. Os camponeses têm papel central na produção de alimentos, cultura e renda para o país. Considerando o que aprendemos sobre a teoria campesina, podemos afirmar que o campesinato é:
   a) Uma classe social uniforme, igual em todo o mundo.
   b) Uma classe diversa e complexa.
   c) Uma classe fadada ao fim.
   d) Uma classe que não existe mais.
   e) Uma classe complexa, resquício do feudalismo.

2. Leia atentamente o excerto a seguir.
   "O campesinato é sempre um polo oprimido em qualquer sociedade. Em qualquer tempo e lugar a posição do camponês é marcada pela subordinação aos donos da terra e do poder,

que dele extraem diferentes tipos de renda: renda em produto, renda em trabalho, renda em dinheiro." (Moura, 1986, p. 12) Sendo um "polo oprimido", podemos entender que o camponês:
a) É totalmente subordinado aos capitalistas.
b) É totalmente subordinado ao Estado.
c) É autônomo.
d) Possui uma autonomia relativa.
e) Possui uma relação estranha e complexa com a sociedade.

3. Ao longo do tempo, o regime de propriedade de terra no Brasil, tanto urbano quanto rural, passou por diversas leis e entendimentos. Sobre o direito de propriedade de terra no Brasil, podemos afirmar que ele é:
a) Absoluto, ou seja, sagrado do ponto de vista jurídico.
b) Relativo, sendo possível a desapropriação, mas somente em casos de crimes.
c) Relativo, sendo possível a desapropriação, uma vez que a terra deve cumprir com suas funções sociais.
d) Absoluto e dependente das leis de mercado, tendo o proprietário que responder somente à União.
e) Relativo, sendo possível a desapropriação, uma vez que a terra está atrelada a leis estaduais de uso.

4. A questão da propriedade privada no campo foi e continua sendo muito importante. No Brasil, vemos o latifúndio como uma questão central no que se refere ao regime fundiário do espaço agrário. O que podemos entender, então, por latifúndio?
a) Existem diversos entendimentos. Podemos citar o dos movimentos sociais, que citam latifúndio como qualquer propriedade considerada grande demais, ou o jurídico, que trata o latifúndio como uma grande propriedade improdutiva.

b) Existem diversos entendimentos. Podemos citar o dos movimentos sociais, que citam latifúndio como qualquer propriedade considerada grande demais, ou o legal, que trata o latifúndio como qualquer propriedade improdutiva.

c) Devemos entender o latifúndio como qualquer grande propriedade.

d) Devemos entender o latifúndio como uma propriedade improdutiva, independente de seu tamanho.

e) Latifúndio é um termo originado em Roma e que já caiu em desuso.

5. O Estado tem importância vital para a produção do espaço. Ele pode se mostrar ausente ou muito presente, dependendo da situação, e agir das mais diferentes maneiras: com financiamento, ordenação espacial por meio de leis, regularização de propriedades entre outras ações. Mas, no que se refere à produção do espaço agrário, o Estado é ausente ou presente?

a) Ele é ausente do campo. Ele produz o espaço agrário somente a partir de políticas.

b) Ele está presente no campo, por meio de empresas estatais de produção de gêneros agropecuários.

c) Ele está presente como ferramenta que mantém o monopólio da terra e nada mais.

d) Ele está ausente em sua totalidade no campo. Apenas o mercado e suas leis autorregulam o campo.

e) Ele está presente com políticas públicas para o campesinato, conquistadas através de lutas, mas ainda é uma ferramenta a serviço do latifúndio.

## Atividades de aprendizagem

### Questões para reflexão

1. O Estado tem algum papel na articulação do capital no campo? Ele pode ter ou tem alguma função na irracionalidade da compra de terras?

2. Quais são as duas visões que podemos ter sobre a propriedade privada no campo? Ela sempre está ancorada na extração de renda da terra ou pode ter outras funções? Explique.

### Atividades aplicadas: prática

Faça uma entrevista com uma pessoa de idade avançada, pode ser familiar ou não. Foque em perguntas que revelem o passado do seu entrevistado, descobrindo se ele teve uma vida no campo ou, se não teve, provavelmente seus pais ou avós tiveram alguma relação com o campo. Partindo desse ponto, faça um fichamento com o seguinte tema: *o sujeito social do campo de meu entrevistado*. As perguntas-chave que você deve se fazer é: meu entrevistado seria camponês ou proprietário de terras? Ele seria pobre ou rico? Construa esse fichamento tendo como base o que você aprendeu ao longo do capítulo.

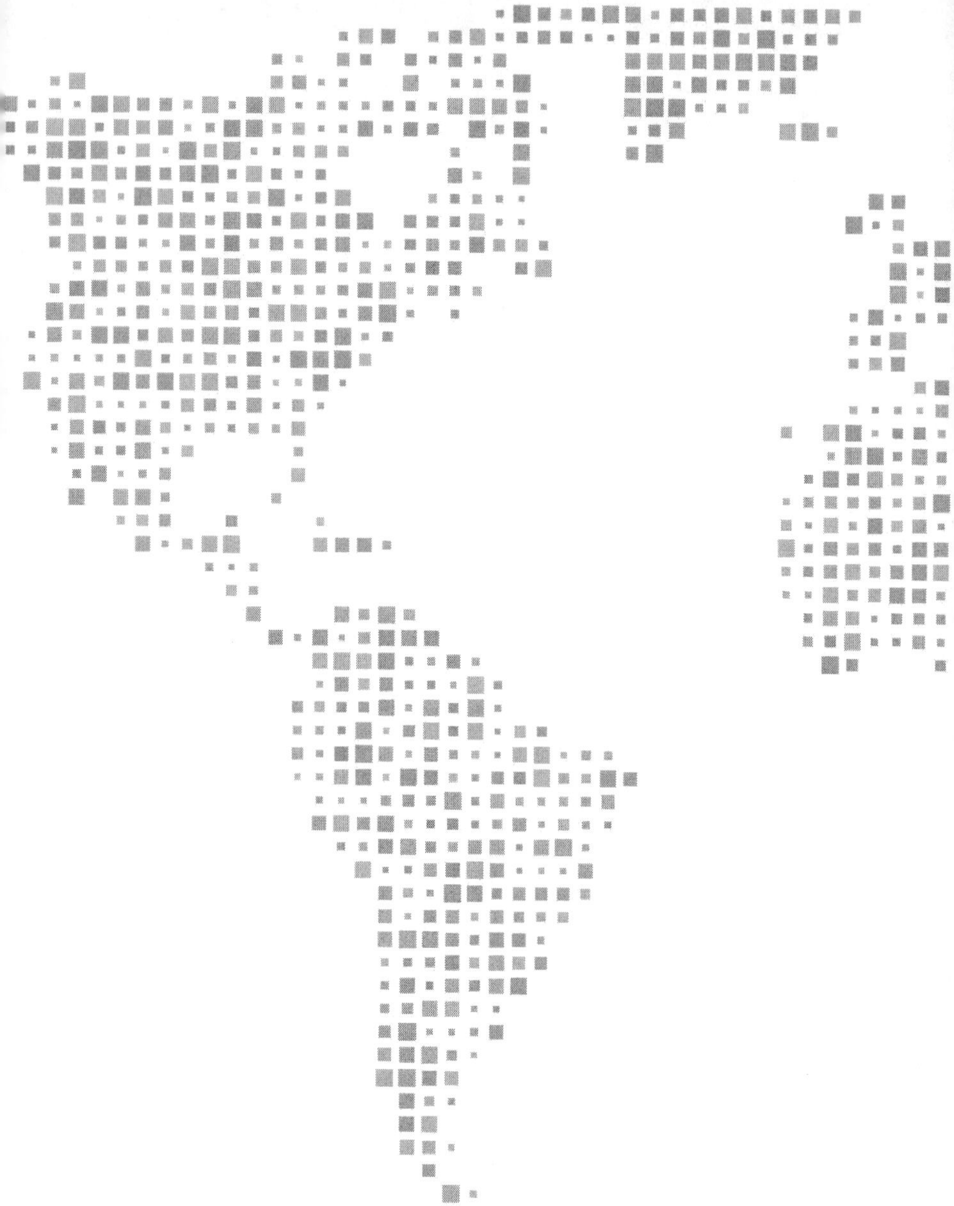

# 4

# Produzir no campo: as várias faces da produção do espaço agrário

Neste capítulo, vamos trabalhar o viés produtivo. Quem produz e como se produzem os alimentos? O que são e qual é a importância das *commodities*[i]? Novamente deveremos resgatar os conceitos-chave de produção do espaço e de território.

De um lado, iremos analisar a produção do campesinato; de outro, vamos estudar a agricultura capitalista, comumente conhecida por agronegócio. Ambas têm matrizes tecnológicas muito diferenciadas, assim como lógicas de produção distintas.

Por fim, veremos o polêmico debate acerca dos conceitos de campesinato e agricultura familiar, observando as posições de ambos os lados.

## 4.1 A agricultura camponesa

Como vimos anteriormente, existe uma contradição no capital, pois são necessárias relações não capitalistas de produção para que ele seja criado. Tendo isso em mente, veremos aqui como e o que a agricultura camponesa produz. Elementos como a escala e a produção diferenciada do espaço que provêm da parte dos camponeses serão fundamentais para nosso entendimento.

Em primeiro lugar, devemos observar que Chayanov (1985) já assinalava que a propriedade camponesa da terra não se organiza sobre a extração de mais-valia. O objetivo central é assegurar os recursos necessários para a reprodução familiar. Assim, como Wanderley (2014) mostra, na unidade familiar de produção (UFP) não é possível dividir os rendimentos, nem dizer o que foi gerado pelo trabalho, o que foi gerado por investimentos e o que adveio da renda da terra.

---

i. Veremos adiante o que são as *commodities*, mas cabe desde já ter em mente que as *commodities* são os produtos agrícolas cotados no mercado internacional, ou seja, em dólares.

Há uma busca implacável pelo balanço ideal entre trabalho e consumo. Na UFP, não se trabalha sempre mais, desejando maiores rendimentos sempre, mas sim até se atingir o grau de satisfação da família.

Logo, podemos ter uma noção sobre as motivações do camponês, no que tange à produção. **Ela não é sempre crescente, contudo é sempre existente e até mesmo constante.** Amin e Vergopoulos (1977) afirmam que, em caso de uma crise, onde o mercado esteja pagando pela produção agrícola menos do que o valor gasto na produção, a empresa capitalista simplesmente deixará de produzir para não ter prejuízo. No caso do camponês, não. Mas por quê?

Para responder a essa pergunta, devemos lembrar que não se pode separar os rendimentos do campesinato, como citamos há pouco. Precisamos lembrar também que a manutenção da família é o ponto central do campesinato. Logo, não é sequer possível ao camponês deixar de produzir, devido à necessidade, à obrigação que tem com sua família. Apesar do prejuízo inerente nesse caso hipotético, sua produção se manteria – talvez diminuída, mas nunca interrompida. Esse é o ponto vital de diferenciação da agricultura camponesa em relação à capitalista.

Gerardi e Salmoni (2014) distinguem quatro elementos que seriam vitais para o bem-estar da UFP:

» Renda bruta da exploração da terra;
» Parcela na reprodução e remoção dos meios de produção, gastos econômicos destinados à produção e não ao consumo;
» Orçamento pessoal da família, totalmente relacionado ao autoconsumo;
» A parcela não investida na produção destina-se à poupança familiar.

Em relação ao primeiro item, podemos ver que o campesinato retira da terra uma renda bruta, que não é determinada pelos camponeses e sim pelo mercado. Ou seja, o valor dos produtos não é imposto pela família ou pela classe camponesa, mas pelo mercado, na maioria das vezes pela figura dos atravessadores.

O segundo item nos mostra que uma parcela dos ganhos serve para que a reprodução dos meios de produção seja aprimorada ou mantida, como insumos, ferramentas etc. O terceiro item é o mais importante: ele mostra que a manutenção da família é o norte do orçamento. Não há uma perspectiva de sacrifício familiar visando ao lucro, porém a perspectiva da manutenção daquilo que já se tem. E, por fim, a sobra, caso exista, será destinada à poupança familiar, que será utilizada em casos de crise, como no exemplo já apontado.

Portanto, a produção camponesa é constante e fundamental para a manutenção da família. Não há possibilidade de não se produzir, uma vez que é o próprio campesinato, enquanto classe, que produz seus gêneros alimentícios. Ainda assim, pode surgir a seguinte pergunta: caso seja alcançada tal manutenção, não haveria a possibilidade de não existirem sobras de produção que seriam destinadas ao mercado?

A resposta para tal pergunta é não. Devemos ter em mente que a agricultura não é isolada do restante do mercado e da sociedade. Chayanov (1985), Shanin (1980) e outros autores já haviam tratado dessa questão. A agricultura não é isolada pelo simples fato de que o campesinato, por mais autônomo ou isolado que seja, tem a necessidade de bens que não produz, tanto bens duráveis quanto de consumo, desde simples cadeiras, mesas ou celulares até energia elétrica.

Outro ponto importante é aquele apontado por Moura (1986) e Oliveira (1981): existe um monopólio da terra e uma territorialização do capital nesta mesma terra. Logo, a gigantesca maioria dos camponeses está subordinada a esse capital, seja na figura da integração a grandes conglomerados alimentícios, seja pela falta de terras para se garantir autonomia, ou ainda por conta da necessidade do campesinato de aumentar seus rendimentos para conseguir o autossustento. Em outras palavras, o campesinato não deixará de produzir.

Sobre o aumento de rendimentos do campesinato, devemos compreender que a necessidade da família não é somente o alimento. Podemos ver hoje, no campo, camponeses com televisões, máquinas de lavar, geladeiras, celulares etc. Costa (2014, p. 200) reflete sobre isso, ao afirmar que as necessidades de consumo são construídas histórica e culturalmente, ou seja, não são meramente naturais e biológicas: "As necessidades de consumo são históricas e culturalmente determinadas, de modo que variam de situação para situação, no tempo e no espaço. A potência de trabalho, por seu turno, é função das habilidades dos trabalhadores e dos meios que dispõem para o exercício das funções produtivas".

A necessidade de produção do campesinato, portanto, é frequente. Mas o que esses sujeitos produzem? Como vimos, pela dualidade da monopolização e territorialização do capital no campo, a classe camponesa é subordinada aos interesses do mercado no que se refere a sua produção.

Primeiramente, como Paulino (2012) demonstra, a monopolização do capital no campo é gritante. Ela é a face do capitalismo no campo, onde as empresas e grupos capitalistas não se territorializam no espaço agrário, ou seja, não possuem ali propriedades e produção. Tais grupos apenas detêm o monopólio da produção camponesa, controlando a distribuição e comercialização dos produtos.

A policultura do campesinato é a base da vida camponesa. A produção de hortifrutigranjeiros é o carro-chefe da produção camponesa, uma vez que os próprios camponeses já produzem tais elementos para consumo próprio, obtendo pouca lucratividade. Sua produção se destina às cidades em geral, sendo possível manter o preço baixo graças ao monopólio citado.

O Ministério do Desenvolvimento Agrário (Brasil, 2006), em seu Censo Agropecuário de 2006, divulgou que 70% dos alimentos consumidos pelo brasileiro são de origem camponesa. Escapam do controle dos camponeses somente a carne vermelha e o arroz. O restante, incluindo as carnes suínas e de aves, advém da agricultura camponesa. O gráfico a seguir exemplifica isso de modo claro:

**Gráfico 4.1** - Comparativo da produção da agricultura camponesa e do agronegócio

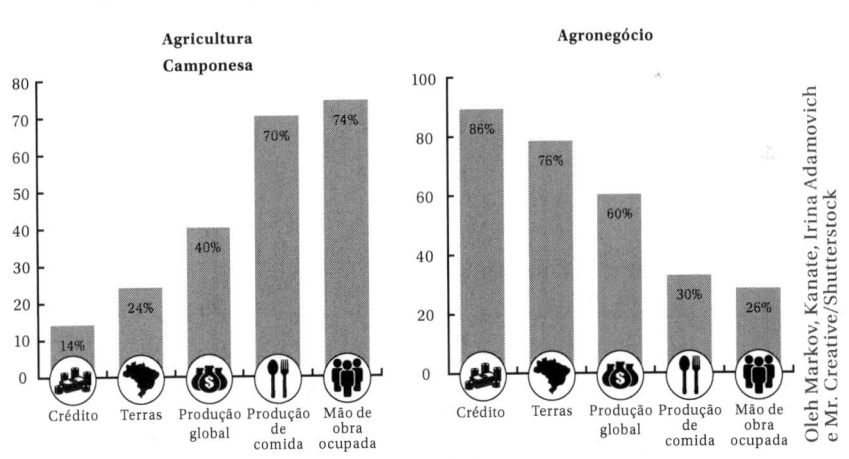

**Agricultura Camponesa**
- Crédito: 14%
- Terras: 24%
- Produção global: 40%
- Produção de comida: 70%
- Mão de obra ocupada: 74%

**Agronegócio**
- Crédito: 86%
- Terras: 76%
- Produção global: 60%
- Produção de comida: 30%
- Mão de obra ocupada: 26%

Fonte: Dados de IBGE, 2006.

Oleh Markov, Kanate, Irina Adamovich e Mr. Creative/Shutterstock

Podemos ver que a produção de alimentos está nas mãos camponesas. São os camponeses, afinal, que produzem boa parte dos gêneros alimentícios consumidos pelo brasileiro. Muitos campesinos são reféns desse monopólio. Como afirmam Porto-Gonçalves e Alentejano (2008), a produção alimentar vem sofrendo com esse monopólio. Acaba-se deixando de produzir alimentos para se produzir grãos, os quais são destinados ao consumo animal ou à produção de combustíveis. Na visão desses autores, trata-se da modificação de uma produção regrada pelas leis de consumo para as leis de mercado. Na seguinte passagem, vemos um pouco da explicação para essa mudança – da produção de alimentos para a produção de grãos:

> a pequena produção camponesa. Esta é a grande responsável pela alimentação da população mundial porque tem a condição da terra para produzir e esse é o motivo que determina o seu cerceamento em nível mundial. Nesse contexto, o camponês surge resistindo e se contrapondo, como expressão de sua discordância em relação ao sistema capitalista. (Santos, 2013, p. 3)

A alternativa a esse modelo – do agronegócio e da subordinação do campesinato a grandes conglomerados empresariais – é o modelo cooperado – em outras palavras, as **cooperativas**, ainda que guardadas as devidas proporções. Nas cooperativas, o controle está nas mãos de todos os produtores, e os lucros são divididos entre todos, de modo quase igual, depois de se deixar um pouco para que a cooperativa

> Estar cooperado significa, para o campesinato, a possibilidade de maior segurança na manutenção de suas terras e a certeza da venda de sua produção.

em si consiga comprar insumos etc. O modelo cooperado tem a função de eliminar o intermediário presente no processo, de acabar com o monopólio sofrido pelos camponeses.

Estar cooperado significa, para o campesinato, a possibilidade de maior segurança na manutenção de suas terras e a certeza da venda de sua produção. É o modo como os camponeses conseguem competir com a agricultura capitalista, uma vez que com as cooperativas existe a possibilidade de agregar valor aos cultivos, por conta da maior produção. Isso dá às cooperativas um poder político e econômico muito maior. Tal poder não existe no caso da família camponesa, ou da comunidade camponesa sozinha, na luta para comercializar seus produtos.

Contudo, as cooperativas têm se voltado para a produção de *commodities*, deixando de lado a produção de alimentos em geral. Apesar de, em sua maioria, ainda pertencerem aos camponeses, também eles acabam se voltando às leis do mercado, para obter maior renda, produzindo, na maior parte das cooperativas, as *commodities*, que serão estudadas mais adiante.

## 4.2 A agricultura capitalista

Vimos que a agricultura camponesa tem como foco a produção de alimentos, uma vez que segue a lógica do consumo, e não do mercado – enquanto a agricultura capitalista segue a lógica do lucro, e assim seu foco é outro modelo de produção.

A propriedade capitalista em si difere, e muito, da camponesa. Nela predomina o trabalho assalariado, o grande tamanho e a monocultura. Apesar de Martins (2015) mostrar que o capitalismo cria e recria o campesinato para que possa subordiná-lo e explorá-lo, devemos entender que existem propriedades capitalistas e produções capitalistas no campo.

O capitalismo, é importante lembrar, é o modo de produção presente e hegemônico em todo o globo. Diversos autores versaram sobre tal sistema, entre os quais se destacam François Chesnais (1996), Istvan Mészáros (2009), Robert Kurz (1993) e, na geografia, David Harvey. Esses autores apontam que não se pode mais entender a economia, a produção do espaço, a sociabilidade e o tempo – enfim, as características mais marcantes da sociedade – somente em escala micro, seja nacional, seja local; é preciso entender e aceitar que há um motor que move todas essas condições, o modo de produção capitalista.

Relembrando Amin e Vergopoulos (1977), devemos pensar no todo como uma unidade, mas lembrando que tal unidade não é sinônimo de uniformidade. Ou seja, existem particularidades em cada lugar, processos que ocorrem de modo diferenciado. Contudo, todos eles estão inseridos dentro da unidade do modo de produção capitalista. Como cita Oliveira (2007, p. 4), "o monetarismo e o capital financeiro são o coração e o centro nervoso do capitalismo, desvalorizando o trabalho e privilegiando a mais abstrata e fetichizada das mercadorias, o dinheiro". Entretanto, o que mantém o capitalismo ainda vivo é o trabalho real, especialmente a indústria – força motriz da reprodução do capital – e a agricultura – fonte da produção de capital.

Para entender a agricultura capitalista brasileira, devemos antes entender que ela está inserida em contexto mundial – contexto esse que, como mostra Chesnais (1996), tem como comandante um capital mundializado, que também comanda a formação de grupos econômicos igualmente mundiais. Isso é a expressão do processo de concentração de capital, que acontece não somente no Brasil, mas no mundo todo.

Pórem, como podemos ver tudo isso na prática? Os melhores exemplos são os grandes conglomerados de origem brasileira no agronegócio mundial. Podemos citar a JBS, gigante transnacional de processamento e de frigoríficos, a AB-InBev, multinacional belgo-brasileira de cerveja e a BrasilFoods, outra gigante mundial, de origem nacional, que atua no mercado de aves e produtos alimentícios congelados. Essas empresas são a face da concentração do capital. São reflexos de anos de fusões de empresas, aquisições de empresas pequenas e expansões em mercados novos, graças ao poder do capital financeiro nelas investido. As principais características da agricultura capitalista são:

» Produção de *commodities*.
» Negociações nas Bolsas de Mercadorias e Futuros.
» Monopólios mundiais de produção, circulação e distribuição.

A agricultura capitalista é conhecida como **agronegócio**. Sauer (2009) traça o histórico desse termo, chegando a sua origem, nos EUA, em 1957, quando foi cunhado por Ray Goldberg. Tal conceito vem para confrontar o de campesinato, o qual foca no sujeito, na classe, enquanto o agronegócio foca no produto e no seu modo de ação, ou seja, na visão do espaço agrário como um negócio, como mercadoria.

> Enquanto os gêneros da produção camponesa são cotados nacionalmente (e até por vezes localmente), seguindo também um misto de lei de uso e de mercado, as *commodities* seguem um padrão mundial.

A produção de *commodities* tem em seu seio três características-chave: a busca pelo lucro, o trabalho assalariado e a subordinação do trabalho camponês. Mas o que são as *commodities*? Por que a agricultura capitalista foca sua produção quase que totalmente nesses produtos?

Commodities são mercadorias primárias negociadas na bolsa de valores, tendo cotação e negociabilidade mundiais. Ou seja, seus preços são definidos mundialmente e, por consequência, ditados pelo dólar. Como citamos anteriormente, a preferência da agricultura capitalista é por produtos que permitam ganho maior de renda; logo, tais mercadorias, cotadas mundialmente e remuneradas em dólar, são a escolha mais racional. Enquanto os gêneros da produção camponesa são cotados nacionalmente (e até por vezes localmente), seguindo também um misto de lei de uso e de mercado, as *commodities* seguem um padrão mundial em relação a seus preços, pouco importando o mercado nacional.

Assim, a agricultura capitalista foca na produção de grãos (no caso do Brasil, soja e milho, especialmente), açúcar, silvicultura (madeira), bovinos, aves e suínos, café, laranja e tabaco. Tais mercadorias seguem a lei de oferta e procura em nível global; portanto, graças à produção elevada e à necessidade mundial de tais produtos, a maior parte dessa produção se destina à exportação. Como citamos, esses produtos são pagos em dólar, portanto é vantajosa e desejável a exportação. Essa exportação é um objetivo predominante no Brasil e gera para o agronegócio montantes gigantescos de dinheiro, garantindo assim um potencial de investimento e (re)produção do capital no campo. A obtenção desse grande montante de dinheiro vai ao encontro da concentração de capital existente no agronegócio, uma vez que, com grande disponibilidade de capital, é possível a aquisição de empresas estrangeiras e nacionais, concentrando ainda mais o destino do capital.

Contudo, devemos lembrar que o processo de expansão do capitalismo no campo não é padronizado, muito menos coeso e simples. Oliveira (2007) afirma que existem duas faces da mundialização da agricultura capitalista:

## A territorialização do monopólio

No Brasil, ocorre especialmente com a cana (para produção de açúcar ou etanol), grãos, bovinos e silvicultura (madeira para indústrias de papel ou para móveis). Neste, caso o proprietário da terra e o capitalista são a mesma pessoa.

## Monopolização do território

No Brasil, ocorre especialmente com a produção de aves e suínos, café, laranja e tabaco. Neste caso, o capitalista e o proprietário da terra não são a mesma pessoa.

Mas o que são, especificamente, esses processos? Primeiramente, a territorialização do monopólio é a união contraditória entre a agricultura e a indústria. Ela tem em seu âmago um modelo produtivo baseado no trabalho assalariado. O capital varre do campo os trabalhadores, levando-os às periferias das grandes cidades. O capitalista está no campo, sendo proprietário da terra e da indústria ao mesmo tempo. Exemplo clássico são as grandes plantas de produção de etanol, as quais estão situadas no campo, próximo às plantações. O sujeito capitalista acumula ao mesmo tempo o lucro das atividades industriais e agrícolas, gerenciando a renda da terra. A característica primordial do monopólio é a monocultura, criando um cenário uniforme no espaço agrário brasileiro, seja de soja, eucalipto ou cana-de-açúcar, seja de grandes pastagens.

Já na monopolização da agricultura, o campesinato está inserido de modo subordinado. A monopolização da agricultura, em linhas gerais, representa a subordinação da agricultura à indústria. O capital monopoliza o território e dita o que será produzido. Esse capital não necessariamente é proprietário das terras, mas dita o que o campesinato deve produzir. Exemplo clássico desse modelo são as indústrias de aves e suínos (Figura 4.1), as quais possuem poucas ou nenhuma granja, tendo apenas o monopólio sobre a produção, compra e circulação dos produtos camponeses.

**Figura 4.1** – Granja de frangos em comunidade camponesa. Exemplo de monopolização do território por parte do capital

Avatar_023/Shutterstock

Nesse caso, existe uma diversificação da produção e o campo segue povoado. Um camponês pode, por exemplo, criar aves para a BrasilFoods, plantar tabaco para a Souza Cruz e ainda ter sua própria horta para o autossustento. O que ocorre aqui é uma sujeição da renda da terra, como Etges (1989) nos ensina, por meio da qual o lucro e a renda andam de mãos dadas.

Vale a pena apresentarmos, a partir de Etges (1989) e Oliveira (2007), a lógica econômica dessa monopolização. Na agricultura, quem controla a circulação também controla o preço e, em consequência, o lucro, diferentemente da indústria. Controlando a circulação, as empresas obtêm a mais-valia, o lucro extraordinário da produção camponesa. Além disso, focando somente na circulação, é possível a manutenção de um risco menor que aquele que se teria ao produzir. Por exemplo: caso ocorra um grande evento natural e o produtor camponês perca sua safra, é ele quem arcará com o prejuízo, e não a empresa para a qual ele venderia sua produção.

Portanto, temos em vista as duas faces da agricultura capitalista: uma que produz e se territorializa e outra que detém o monopólio da circulação. Ambas trabalham com *commodities*, graças a sua remuneração em dólar e sua cotação globalizada, o que garante maiores rendas.

## 4.3 Agricultura familiar e agricultura camponesa: continuidade ou ruptura?

Tratamos, até aqui, da agricultura camponesa e da capitalista. Mas existe ainda outro elemento nesta cadeia: a agricultura familiar. Diversos autores se utilizam do conceito de agricultura familiar para tentar explicar a realidade que vivemos. As políticas públicas são embasadas nesse conceito e não no de campesinato.

Existe um constante debate acerca dos conceitos de agricultura familiar e campesinato. Wanderley (1999; 2004), Marques (2008) e Fernandes (2002) discutem a necessidade da utilização do conceito de campesinato, enquanto Abramovay (1992), Veiga (1991) e Lamarche (1993) lutam pela defesa do conceito de agricultura familiar. As diferenças entre os conceitos são gritantes; contudo, é possível traçar um denominador comum, para que possamos escolher um conceito em lugar do outro.

Vamos esclarecer, então, quais são as diferenças:

> **Agricultura camponesa**
> » Família trabalha para o autoconsumo.
> » Mútua ajuda da família e da comunidade muito presente.
> » Podem contratar parceiros para o trabalho.
> » Podem trabalhar fora da propriedade.
> » Propriedade familiar privada.
> » Podem pagar em produtos em vez de dinheiro.
>
> **Agricultura familiar**
> » O agricultor é um "pequeno empresário".
> » Pode contratar mão de obra assalariada.
> » Integrado à cadeia produtiva.
> » Sempre é proprietário de terras (legalmente).

Os autores que defendem um fim do campesinato em vista da entrada do agricultor familiar criticam o caráter empresarial e produtivo deste. Para Lamarche (1993), por exemplo, o camponês estaria ilhado, inserido em um atraso estrutural, fadado a produzir somente para seu próprio consumo. Abramovay (1992) cita a ausência de tecnologias no plantio e o suposto atraso do campesinato. Veiga (1991), por sua vez, trata da não integração ao mercado por parte do camponês.

Já Fernandes (2002), criticando tais autores, afirma que a ideia passada pelo conceito de agricultura familiar é de que o camponês tem duas opções: ou evolui para um agricultor familiar e se integra ao mercado ou irá desaparecer. A ideia geral é de que o camponês viria a ser a marca do atraso no campo, necessitando portanto evoluir. Outro fato importante apontado por Fernandes (2002) é que existe uma crítica constante ao caráter de luta do campesinato, ao seu viés de revolta, de contestação, imbricado tanto na realidade quanto no conceito em si.

O agricultor familiar seria, então, um sujeito não atrelado à luta e que não tem conexão com a construção de uma classe social, mas com a construção de um elemento produtivo do modo de produção. O campesinato seria um modo de vida, enquanto o agricultor familiar seria um profissional (Marques, 2008, p. 62).

Aqui, é necessário resgatarmos aquilo que vimos nos Capítulos 1 e 3: as correntes teóricas que estudam o campo. Abramovay (1992) representa com seu estudo a tentativa de construir algo novo, haja vista sua insatisfação com as duas linhas mais fortes dos estudos agrários ligadas a Karl Kautsky e Vladimir Lenin (para o autor, ambos estavam equivocados). Abramovay notava não o desaparecimento do camponês, mas sim sua transformação em algo novo e integrado à cadeia produtiva.

A terceira corrente, de Rosa Luxemburgo, traz uma visão diferenciada, não tratando o camponês como fadado ao fim, mas como elemento criado e recriado dentro do próprio capitalismo. Fernandes (2002) e Marques (2008) defendem, por sua vez, que a construção do conceito de agricultor familiar é falha. Os autores citados, bem como Wanderley (1996), apontam que as lutas dos sujeitos do campo ainda existem, tenham eles terra ou não. Os posseiros, ou pequenos proprietários camponeses, seguem produzindo e lutando pela sua permanência no campo. Como explica Fernandes (2002, p. 5-6, grifo do original):

> Se concordássemos com essa tese [do fim do campesinato], poderíamos desconsiderar trabalhos a respeito do campesinato, que são importantes referências teóricas na Geografia, como a obra *Agricultura Camponesa no Brasil*, de OLIVEIRA, 1991, na Sociologia, que é o belo trabalho de TEDESCO, 1999, denominado: *Terra, trabalho e família: racionalidade produtiva e*

*ethos* camponês. Ainda, na Antropologia, como por exemplo o clássico *Herdeiros, parentes e compadres*, de WOORTMANN, 1995, entre tantos outros. De fato, o conceito de camponês não perdeu o seu poder explicativo. Caso contrário, as pesquisas realizadas, que tomaram como referências teóricas as obras citadas, não conseguiriam explicar os problemas que se propuseram compreender. [...]

O fato de grande parte dos trabalhos acadêmicos recentes utilizarem o conceito de *agricultura familiar* não significa que o conceito de camponês perdeu seu *status* teórico [...]. Uma coisa é a opção teórica e política dos cientistas frente aos paradigmas, o que é extremamente diferente da perda do *status* de um conceito.

Vivemos hoje um momento histórico em que a febre do fim das coisas e dos conceitos tem contaminado e modelado diversos pesquisadores. Por exemplo: o fim da história, o fim do trabalho, o fim da ciência entre outros fins. Com relação ao campesinato, **neste artigo defendemos o fim do fim do campesinato**, para que possamos analisar com eficiência essas novas realidades que acontecem em escala mundial, representadas pela Via Campesina e pelas organizações de agricultores familiares.

Devemos entender que o conceito de agricultura familiar acaba por ser fraco. Ele deixa de fora os sujeitos do campo que não estão integrados à tecnologia, modernizados. Podemos pensar: o que seriam, então, estes sujeitos? Não são agricultores familiares, mas ainda são camponeses? Para facilitar e aprimorar o entendimento sobre os sujeitos que vivem no campo e se sustentam com seu trabalho, é mais acurado utilizar o conceito de campesinato. Em outras palavras, analisando os estudos feitos por autores da *agricultura familiar*, podemos dizer que "**todo agricultor familiar é camponês, mas nem todo camponês é agricultor familiar**" (Fernandes, 2001, p. 30, grifo do original).

## Síntese

Vimos, ao longo deste capítulo, os elementos que constroem a produção camponesa e a produção do agronegócio, bem como as lógicas de produção (e até mesmo de propriedade) que as diferenciam. Pudemos notar que, mesmo no âmbito produtivo, tais sujeitos têm um modo muito distinto de produção, cada um deles com suas benesses e dificuldades.

É importante compreender como e o que se produz no campo, uma vez que o senso comum demonstra, muitas vezes, visões equivocadas sobre o tema. Acredita-se que o agronegócio produz alimentos e que o campesinato produz apenas para si próprio, e foi isso que aqui buscamos desconstruir.

## Atividades de autoavaliação

1. Há uma diferença entre quem produz alimentos e quem produz *commodities* no campo. Há também uma diferença no destino de ambos os cultivos. O que, essencialmente, o campesinato produz e para quem?
   a) Alimentos para seu autossustento.
   b) Alimentos para seu autossustento e para o abastecimento das cidades.

c) *Commodities* para exportação.
d) *Commodities* para consumo próprio.
e) Produz pouco ou nada.

2. O agronegócio produz, essencialmente, o quê? Qual é o destino dessa produção?
   a) Alimentos para exportação.
   b) Alimentos para o mercado interno.
   c) *Commodities* para exportação.
   d) *Commodities* e alimentos para exportação.
   e) Nada produz, pois é improdutivo.

3. O campesinato é entendido como uma classe social – lembrando que uma classe social só é construída a partir da própria luta de classes. Porém, existe também um conceito diferente, o de agricultor familiar. É correto afirmar que o agricultor familiar é entendido:
   a) de acordo com sua classe social.
   b) como um elemento cultural da sociedade.
   c) em razão do local onde vive.
   d) como um elemento do campo.
   e) como um elemento produtivo do modo de produção.

4. "O campesinato seria um modo de vida, enquanto o agricultor familiar seria um profissional" (Marques, 2008, p. 62). A autora afirma isso para discutir uma passagem de Ricardo Abramovay. Para Abramovay, o que seria o agricultor familiar?
   a) Um novo sujeito do campo, cuja dimensão ainda não conhecemos, mas que será mais conectado ao meio urbano. Isso vai ao encontro de preceitos de diversos pensadores que tratam da mudança do morador do campo, sendo que esse morador vem a ser cada vez mais alguém inserido no mercado e nas tecnologias.

b) A transformação do camponês em um sujeito integrado à cadeia produtiva, visto que, para o autor, o camponês é um sujeito longe do mercado, já o agricultor familiar é um sujeito integrado.

c) A transformação do camponês em um sujeito capitalista, ou seja, um sujeito que visa à extração de renda da terra e nada mais. Para Abramovay, o campesinato acabou, e os camponeses se transformaram em pequenos capitalistas.

d) O produtor do campo em pequena propriedade, distante do mercado, vivendo de modo isolado. O agricultor familiar nada mais é que um novo nome, uma definição diferente e mais atual para o conceito de campesinato.

e) O agricultor capitalista que produz em monocultivo e em grande escala, normalmente ancorado em grandes empresas. É dependente das empresas e do mercado, sendo totalmente alheio ao autossustento.

5. A agricultura capitalista tem alguns preceitos básicos para produzir seu cultivo. Sem eles, seu modelo de produção no campo não funcionaria. Quais são as três características-chave da produção de *commodities*?

   a) A busca pelo lucro, o trabalho assalariado e a subordinação do trabalho camponês.
   b) A busca pelo lucro, o trabalho camponês e a monocultura.
   c) A busca pelo lucro, a propriedade privada e a monocultura.
   d) A busca pelo lucro, o trabalho assalariado e a tecnologia de ponta.
   e) A busca pelo lucro, o trabalho camponês e a propriedade privada.

## Atividades de aprendizagem
### Questões para reflexão

1. Leia atentamente o trecho a seguir.

> Entender o desenvolvimento desigual do modo capitalista de produção na formação social capitalista significa entender que ele supõe sua reprodução ampliada, ou seja, que ela só será possível se articulada com relações sociais não capitalistas. E o campo tem sido um dos lugares privilegiados de reprodução dessas relações não capitalistas. (Oliveira, 1996, p. 11)

Sabemos que o capitalismo se desenvolve de modo difuso, desigual. No excerto apresentado, isso é elencado pelo autor. Utilizamo-nos do mesmo pensador para mostrar duas facetas desse desenvolvimento no campo. Assim, responda: o que são a territorialização do monopólio e a monopolização do território analisadas por Oliveira?

2. Vimos que a agricultura camponesa está voltada à produção de alimentos, enquanto a agricultura capitalista à produção de *commodities*. Sendo assim, o que são *commodities*? Por que elas são tão interessantes para a agricultura capitalista?

### Atividades aplicadas: prática

O debate entre os conceitos de agricultura familiar e camponesa é complexo. Para que você compreenda melhor e possa ver na prática esse debate, recomendamos o fichamento do artigo do Prof. Dr. Bernardo Mançano Fernandes, disponível no *link* abaixo.

Além disso, aconselhamos também que você reflita sobre aquilo que foi lido neste capítulo, olhando para notícias de jornal e demais meios midiáticos e se perguntando: realmente existe alguma diferença prática entre tais conceitos?

FERNANDES, B. M. Agricultura camponesa e/ou agricultura familiar. In: ENCONTRO NACIONAL DE GEOGRAFIA, 12., 2002, João Pessoa. **Anais**... João Pessoa: AGB, 2002. Disponível em: <http://www.geografia.fflch.usp.br/graduacao/apoio/Apoio/Apoio_Valeria/flg0563/2s2012/FERNANDES.pdf>. Acesso em: 22 mar. 2017.

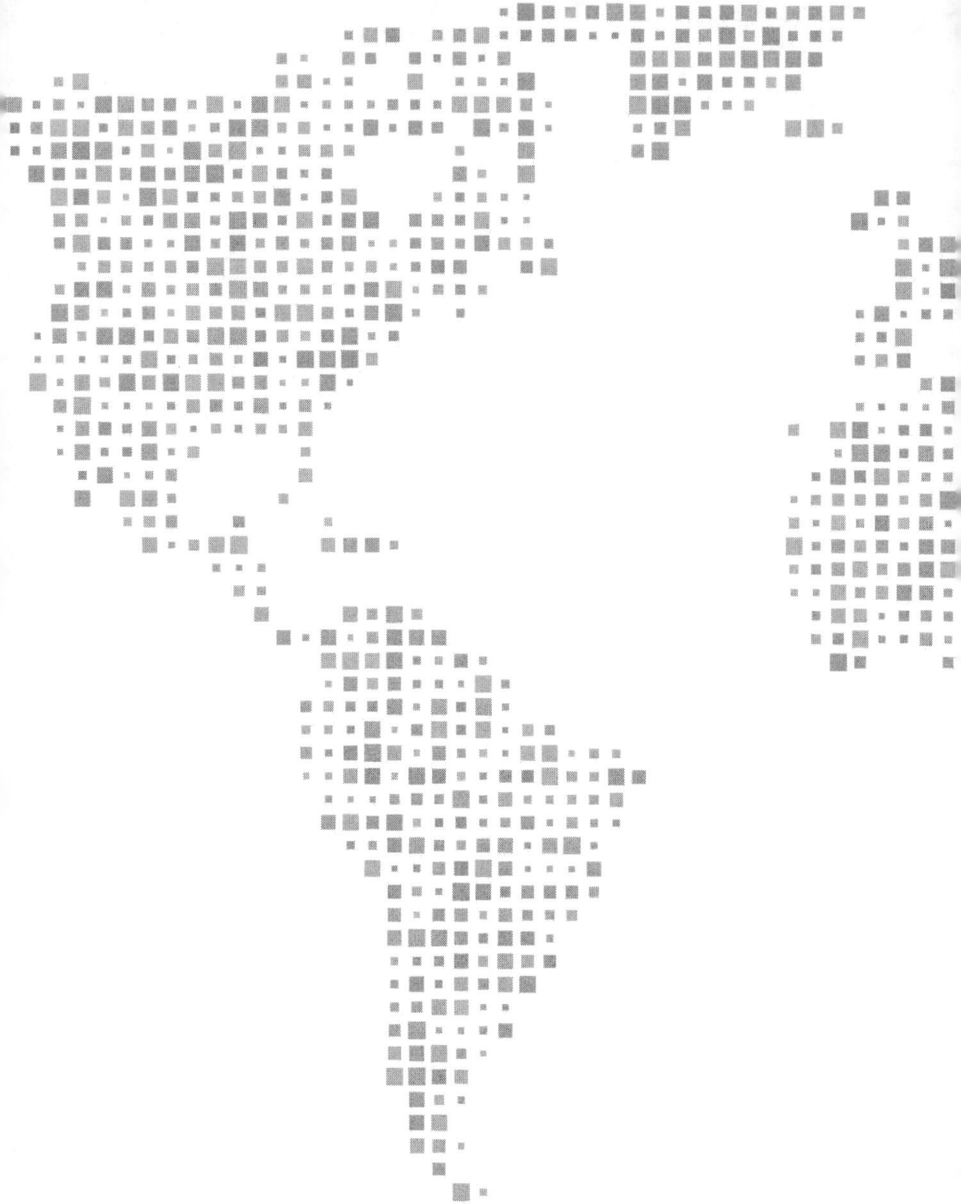

# 5

# Urbano ou rural? Cidade ou campo? As relações campo-cidade na geografia agrária

Neste capítulo, iremos trabalhar com as diferenciações entre urbano e rural – vistas de maneiras diferentes com base na visão de diferentes autores. Podemos dizer, contudo, que comumente vemos o rural como sinônimo de atraso. Nossa intenção aqui será, principalmente, desconstruir esse preconceito.

Para tanto, baseamos nossas reflexões principalmente em Henri Lefebvre, filósofo que pensou e discutiu o espaço, o urbano e o rural, ao longo de toda sua obra. A compreensão geográfica do próprio espaço em si, como conceito-chave para a nossa ciência, é herdeira dos trabalhos desse pensador.

## 5.1 Diferenciando o urbano do rural: chaves de entendimento

A ciência geográfica apresenta diversas discussões sobre as relações entre o espaço urbano e o espaço agrário. Essas discussões tiveram início nos estudos do filósofo francês Henri Lefebvre. A diferenciação entre cidade e campo é a principal temática de sua pesquisa, contudo também têm importância pesquisas sobre a urbanização do campo e a racionalidade urbana adentrando o meio rural, conforme mostra Endlich (2010).

Sobre a racionalidade urbana adentrando o campo, Lefebvre (1991, p. 69) nos ensina que a cidade, enquanto prática e cultura, invade o campo. Segundo o autor: "Seja o que for, a cidade em expansão ataca o campo, corrói-o, dissolve-o". O meio de vida urbano, ainda de acordo com Lefebvre, acaba por desarticular elementos tradicionais do campo, como as práticas de artesanato, além das próprias pequenas vilas, que são esvaziadas em detrimento das cidades maiores. Por fim, elenca Lefebvre (1991, p. 69) que "a oposição 'urbanidade-ruralidade' se acentua em lugar de desaparecer, enquanto a oposição cidade-campo se atenua". Ainda no dizer do pensador francês, entende-se que na atualidade ocorre uma fuga do espaço agrário, e o modo de produção capitalista acaba por acentuar essa fuga, bem como o embate entre os modos de vida urbano e rural. A questão da **ruralidade**, referente ao modo de ser dos sujeitos rurais, em relação com a **urbanidade**, modo de ser dos sujeitos do espaço urbano, atenua-se, visto que os próprios sujeitos do campo têm práticas cada vez mais urbanas (por exemplo, o consumo elevado e a perda de autonomia em diversos elementos, como vestuário, móveis etc., que antes eram produzidos artesanalmente e hoje são comprados na cidade). Também se acentua a questão da cidade e do campo enquanto conflito, visto que o campo é cada vez mais urbanizado.

Vemos que a compreensão de Lefebvre sobre a temática urbana e rural tem um elemento fundamental: para esse pensador, o rural já está inserido no urbano, graças a sua subordinação; o que ainda há de diferente são as construções de cidade e de campo (Sobarzo, 2010, p. 54-55).

Para entender como e por que Lefebvre chega a tal conclusão, devemos ter em mente que o autor foi ao encontro do pensamento marxista. Para ele, a cidade era o espaço onde haveria a possibilidade de emancipação da classe trabalhadora e de construção do humanismo (1971, p. 148). Podemos notar como Lefebvre acaba por ir ao encontro da linha de pensamento de Lenin, uma vez que desconsidera por completo o campesinato e os proprietários de terras do campo.

Contudo, não só no marxismo ou no pensador francês encontramos a referência ao campo como elemento vazio ou fadado ao fim. A própria lógica ocidental acaba por ver o campo como atrasado, estagnado e desnecessário para a expansão, não só do modo de produção capitalista, mas também de toda a sociedade – seja nos aspectos culturais, científicos ou econômicos (Bagli, 2006, p. 93-96).

Lefebvre, enquanto marxista, tem a ideia de que a cidade é o espaço de libertação e progresso da humanidade, sendo o campo um local de atraso. Oliveira Neto (2010) analisa o pensamento de Marx e afirma que tanto ele quanto Lefebvre viam a cidade e o campo como elementos opostos. A partir da divisão social do trabalho, ampliada pela indústria, a produção de mercadorias e bens de uso por um trabalho alienado (aquele que não é para o próprio trabalhador e que nada lhe significa, como se vê nas linhas de produção automobilísticas) acabariam por limitar e cercear a vida do trabalhador, o qual seria "empurrado" para um processo revolucionário, ou seja, para o progresso.

Por fim, vamos discutir a dimensão espacial. Bernardelli (2010) mostra que, em essência, o campo se diferencia da cidade graças a seus tempos e espacialidades diferenciados. O sujeito do campo não tem a divisão entre espaço de trabalho e espaço familiar, pois tudo funciona na mesma propriedade, enquanto no meio urbano isso é muito diferente. Outro fator apontado pela autora é a relação com a natureza. O campo e seus sujeitos têm uma relação muito mais próxima e parelha com o meio natural, uma relação de interdependência. O morador da cidade, graças à

> A própria lógica ocidental acaba por ver o campo como atrasado, estagnado e desnecessário para a expansão, não só do modo de produção capitalista, mas também de toda a sociedade.

divisão social e espacial do trabalho, acaba por ignorar a natureza – ele, seja trabalhador ou patrão, não vê a origem de seus produtos, não enxerga que eles são oriundos da natureza, como os metais da indústria pesada ou o algodão da indústria têxtil.

Para Lefebvre, o espaço urbano acabaria por dominar o espaço agrário. Além disso, o tecido urbano viria para civilizar o agrário, e as áreas rurais não urbanizadas seriam entendidas como arruinadas, estagnadas ou místicas em relação à natureza (Lefebvre, 1999, p. 17). Esse pensamento foi e continua sendo entendido como uma máxima por diversas ciências e pensadores, contudo não pela geografia agrária de modo geral. O principal entendimento desse ramo da ciência geográfica é que o espaço agrário possui tempos, espaços e territorializações que apresentam características diferentes – e que não podem ser entendidos como excluídos do modo de produção capitalista ou, ainda, como atrasados (Alentejano, 2003).

Portanto, entende-se que, diferente do que elenca Lefebvre ao longo de toda sua obra, o campesinato produz o espaço geográfico de modo diferenciado, não existindo portanto uma estagnação do espaço agrário. Como já visto, o campesinato e os proprietários de terra são classes sociais do capitalismo e produzem o espaço dentro do modo de produção capitalista, ainda que tenham diferenças em relação à produção desse espaço. Há um desenvolvimento geográfico do capital, que é desigual e combinado, nas palavras de Smith (1988), e também irregular e disforme, como citam Amin e Vergopoulos (1977), o que possibilita estabelecer diferenciações na produção espacial por parte dos sujeitos do campo.

**Figura 5.1** – Paisagem rural típica, Campos do Jordão, SP

O fato de que a produção do espaço agrário é diferenciada não representa, portanto, atraso ou estagnação. É preciso, contudo, concordar com Lefebvre (1999) quando afirma que a urbanidade invade o rural, pois isso realmente ocorre, em diversos aspectos, quando o modo de ser e viver no campo é dominado e regido pela cidade. Sobarzo (2010) aponta que esse fato é uma característica do que, academicamente, é tratado como "explosão da cidade" – processo que alude ao fato de a cidade explodir e lançar diversos pedaços (como modos de vida, valores etc.) para o campo. Tal explosão, em conjunto com a expansão do tecido urbano para o campo e a predominância da economia urbana sobre a rural, é um elemento central para o entendimento da subordinação do campo à cidade. Vejamos como Lefebvre comenta essa explosão:

Durante longos séculos a Cidade foi percebida, concebida, apreciada em face do campo, mas através do campo, em face da Natureza. Ora, há um século a situação se reverteu: o campo é percebido e concebido em referência à Cidade. Ele recua diante da cidade, que o invade. [...] É neste momento que a cidade explode. (Lefebvre, 1991, p. 126)

A cidade é então um elemento material no espaço e na paisagem. O urbano é a sociedade dessa cidade, com suas práticas e processos ligados aos tempos do capital e suas lógicas de acumulação e domínio cultural. A urbanização não é, portanto, um mero processo de edificação, calçamento e saneamento, mas algo mais, atrelado a um modo de vida (Sobarzo, 2010, p. 58-59).

**Figura 5.2** – Urbanidade invadindo o espaço rural

Nota: A imagem representa, como aponta Lefebvre (1991), a subordinação do campo à cidade. Na foto, vemos uma pequena central hidrelétrica, em Cândido Mota, interior de São Paulo.

Levando em conta os estudos de Amin e Vergopoulos (1977), podemos concluir que o espaço agrário, o meio agrícola em si, está sempre subordinado aos interesses industriais e citadinos. Para os autores, é o capital urbano, industrial e financeiro que subordina a agricultura como um todo.

Logo, o campo seria o espaço onde os interesses do meio urbano são aplicados. Exemplo claro disso é a quase obrigação do campo, de produzir alimentos a baixos preços para que a indústria e o setor de serviços possam seguir pagando menores salários e maximizando seu lucro – uma lógica ainda permanente no mundo.

A urbanização não é, portanto, um mero processo de edificação, calçamento e saneamento, mas algo mais, atrelado a um modo de vida.

Como Moura (1986) nos ensina, o campesinato é sempre um sujeito dominado em qualquer modo de produção. Até mesmo o agronegócio é subordinado aos interesses urbanos, sejam eles industriais ou especialmente financeiros. O rural segue ancorado à terra, atrelado aos tempos da natureza, apesar de diversos avanços tecnológicos, seja no campo dos agrotóxicos e insumos, seja na área da transgenia. A terra não é reproduzível: ela é limitada e tem junto de si um modelo de uso limitante. Ainda que um industrial não possa, por exemplo, mudar sua produção rapidamente de carros para celulares (enquanto o produtor rural poderia mudar de soja para milho entre uma safra e outra), ele tem a vantagem de que sua produção pode ser projetada e melhor segurada. Já o produtor rural não, pois o clima e outros fatores da natureza exercem sobre ele uma influência brutal.

Existe ainda outro ponto vital para a diferenciação entre urbano e rural: a **divisão socioespacial do trabalho**. Como Endlich (2010) elucida, tal divisão teve início há mais de 5.500 anos, tendo se intensificado após a revolução industrial. Um exemplo dessa divisão no mundo pré-revolução industrial seriam as muralhas que delimitavam o urbano em detrimento do agrário.

Também Thompson (1979) defende que essa divisão se acentua com o advento da indústria, ressaltando as diferenças de trabalho e fazendo surgir uma sociedade de classes. Lefebvre (1971, p. 31-32, tradução nossa), por sua vez, diz:

> Chegamos assim a uma definição: a comunidade rural (camponesa) é uma forma de agrupamento social que organiza, segundo modalidades historicamente determinadas, um conjunto de famílias fixadas ao solo. Estes grupos primários possuem, por um lado, bens coletivos ou indivisíveis, e por outro, bens privados, segundo relações variáveis, mas sempre historicamente determinadas. Estão relacionados por disciplinas coletivas e designam – ainda que a comunidade possua vida própria – responsáveis mandatários para direcionar a realização dessas tarefas de interesse geral.[i]

O que podemos definir, então, como rural? Seria o espaço onde o tempo difere do urbano, sendo a família o elemento central (Chayanov, 1985), com os espaços de trabalho e vida unificados, em uma relação com o coletivo– ao contrário do urbano.

---

i. No original: *Llegamos así a una definición: La comunidad rural (campesina) es una forma de agrupación social que organiza, según modalidades históricamente determinadas, un conjunto de familias fijadas al suelo. Estos grupos primarios poseen por una parte bienes colectivos o indivisos, por otra bienes privados, según relaciones variables, pero siempre históricamente determinadas. Están relacionados por disciplinas colectivas y designan -aun cuando la comunidad guarde vida propia – responsables mandatarios para dirigir la realización de estas tareas de interés general.*

## 5.2 As diferenças na produção do espaço agrário e do espaço urbano

A produção do espaço não é homogênea, padronizada. Ao contrário: ela é caracterizada pela desigualdade, exclusão, expulsão e expropriação, como apontado por Harvey (2005). Como citam Amin e Vergopoulos (1977), o mundo sob o modo de produção capitalista é uma **unidade**, não uma uniformidade.

Harvey (2005) nos apresenta o conceito de **expansão geográfica do capital**. Esse conceito se refere ao processo que o capital utiliza para superar ou evitar eventuais crises que possam ocorrer no sistema. Para tanto, o capital se expande no espaço geográfico, investindo em locais que antes não lhe eram interessantes, para poder manter sua acumulação e sua racionalidade. No campo, esse processo ocorre com os investimentos impostos pelo capital a territórios e comunidades que antes estavam à margem dos seus interesses. Essa marginalidade pode ser vista tanto pelo lado positivo (tais comunidades e territórios tinham certa autonomia produtiva e cultural) quanto pelo negativo (tais territórios e comunidades estavam esquecidos e eram postos de lado).

Como essa expansão é forçada, ela acaba por criar conflitos e desigualdade. Enquanto, em certos pontos, tal expansão cria oportunidades, atratividades sociais e progresso econômico, em outros acaba por aumentar a desigualdade, além de gerar uma concentração de capital e terras nas mãos de poucos, prejudicando a autonomia e o bem-estar social. Ainda segundo Harvey (2005), essa expansão é promovida por fluxos de capitais, os quais geram resultados desiguais nos pontos de recebimento e retirada do capital.

A produção capitalista do espaço seria, então, para Godoy (2004), a construção de objetos geograficizados, os quais seguem a lógica econômica do modo de produção capitalista. Sua função é cumprir e ampliar as próprias necessidades de reprodução das relações sociais de produção fundamentadas no capital, além de fortalecer a divisão social e espacial do trabalho. A expansão geográfica do capital, portanto, consiste em produzir o espaço de modo capitalista.

Tal expansão geográfica do capital afeta as comunidades agrárias. Como afirmado por Lefebvre (1999), a urbanidade adentra a ruralidade, destruindo-a. Com a expansão do capital, principalmente no caso do campo (na figura do agronegócio), ocorre a imposição de um modelo de reprodução social do capital. Como afirma Godoy (2008, p. 4), o capital homogeneíza e, ao mesmo tempo, fragmenta o espaço e os modelos de reprodução social. O objetivo final disso tudo, ainda segundo Godoy, é ampliar a acumulação de capital.

Porém, todo esse processo não ocorre de modo tranquilo, afinal conflitos e resistências são gerados por essa expansão. Como citado, o modo de produção capitalista tem caráter contraditório, irregular, desigual e disforme (Smith, 1988; Amin; Vergopoulos, 1977), o que se reflete na paisagem, como defende Smith (1988, p. 221). As comunidades camponesas resistem a esse processo, haja vista sua produção diferenciada do espaço.

Smith (1988, p. 125) apresenta que existe uma contradição nessa expansão: ela cria resistências em comunidades e regiões que antes estavam à margem e, assim, não resistiam ao capital. É o avanço desenfreado do capital que acaba por gerar as resistências, e não sua mera presença.

É notável como há sempre um processo de resistência e repulsa ao capital, tanto no viés produtivo quanto no social. Como

Lefebvre (1973) nos mostra, a urbanidade é uma face, também, das relações capitalistas de produção do espaço. Essa contradição é inerente ao próprio capital.

Podemos entender o território como "uma porção do espaço que é delimitada por e a partir de relações de poder" (Souza, 1995, p. 78), - relações estas que são conflituosas em essência. Logo, o espaço agrário é produzido para os interesses urbanos. Falaremos adiante sobre a subordinação do rural pelo urbano, mas já aqui é preciso ter em mente que o campo sofre modificações determinadas pelas necessidades do urbano. Como será mostrado, o industrial, o financeiro e o urbano dominam as relações sociais e de mercado. É sob sua toada que devemos entender e analisar a produção do espaço agrário. Contudo, não se deve pensar que o campo está sempre atrasado em relação ao urbano – ele está, sim, subordinado, mas a relação entre ambos é inseparável.

## 5.3 O campo é atrasado? Destruindo o mito do atraso no espaço agrário

O campo e seus sujeitos são comumente associados ao atraso, a velhos paradigmas e práticas arcaicas. Tal arcaísmo estaria presente tanto nos aspectos econômicos como nos sociais, ambientais e culturais. Mas, na realidade, o espaço agrário é somente um modo diferenciado de vida em todos seus aspectos. Bagli (2006) discute o fato de que a própria construção linguística é tendenciosa. A palavra *rural*, na sua origem, tem ligação com a ideia de **rústico**, **rude**, e agricultura remete a algo **agressivo**, diferentemente do termo *pólis* (cidade em grego), que origina o termo *polido*, ou do latim *civitas*, que origina a palavra *cidade*, que traz junto de si os significados de cidadão, civilizado, civilização (Bagli, 2006) – como podemos ver no Quadro 5.1.

**Quadro 5.1** – Origens e significados dos termos *cidade-urbano* e *campo-rural*

| CIDADE – URBANO | CAMPO – RURAL |
|---|---|
| **Civitas** *f.* 1. Condição de cidadão; direito de cidadão. 2. Conjunto de cidadãos. 3. Sede do governo; Estado; cidade; pátria. 4. = *urbs*. | **Campus** *m.* 1. Planície; terreno plano; veiga; campina cultivada. 2. Campo ou terreno para exercícios. 3. Campo de batalha. 4. Os exercícios do Campo de Marte; os comícios; as eleições. 5. Produtos da terra. |
| **Civis** *m.* e *f.* 1. Cidadão livre; cidadã livre; membro livre de uma cidade, a que pertence por origem ou adopção. 2. Concidadão; concidadã. 3. Habitante. 4. Soldado romano. 5. Companheiro. | **Campensis** *adj.* 1. Relativo aos campos; campestre. 2. Epíteto de Ísis que tinha um templo no Campo de Marte. |
| **Urbs** *f.* 1. Cidade (em opos. a *rus* ou a *arx*) 2. A cidade por excelência. 3. Cidade, população duma cidade, os cidadãos; Estado. 4. Morada; asilo. | **Rus** *n.* 1. Campo (em opos. a *domus* "casa" e *urbs* "cidade". 2. Terras de lavoura. 3. Casa de campo. 4. Território, região. 5. *Fig.* Rusticidade, rudeza. 6. *Pl.* Propriedade rural; o campo (em geral) |

(continua)

*(Quadro 5.1 - conclusão)*

| CIDADE - URBANO | CAMPO - RURAL |
|---|---|
| **Urbanus** *adj.* 1. Da cidade (em opos. a *rusticus*); da cidade de Roma; urbano. 2. Civil (em opos. a *castrensis*); pacífico. 3. Polido; fino; delicado; urbano. 4. Espirituoso; engraçado; engenhoso. 5. Divertido; folgazão; gracejador. 6. Elegante; esmerado; (fal. Do estilo); que usa linguagem apurada. 7. Impudente; desavergonhado; indiscreto. | **Rusticus** *adj.* 1. Dos campos; do campo; rústico; campestre; rural. 2. *Fig.* Rústico; agreste; rude; inculto; grosseiro; tosco; labrego; saloio; desajeitado; sem elegância. 3. Simples; ingênuo; pouco atilado; estúpido. 4. Inacessível ao amor; esquivo; bisonho. 5. Camponês; lavrador; campônio. |

Fonte: Torrinha, 1942, citado por Bagli, 2004.

A própria ideia do morador do campo como atrasado e preguiçoso é construída como mito pelo senso comum, uma vez que seu tempo de vida e produção é lento, em relação ao tempo rápido de produção e vida das cidades (Bagli, 2010, p. 83-84).

Já em relação ao uso do solo, Bagli ressalta como a terra é importante ao morador do campo, sendo tanto espaço de vida como de trabalho, com ambas as funções se confundindo (Bagli, 2010, p. 87-88). Já Alentejano (2003) defende que a relação com a terra, o solo, é completamente diferente entre o sujeito citadino e o rural, e chama a atenção para o fato de que a terra é indissociável para a construção da identidade e da própria vida do camponês. A relação com o solo é totalmente diferente entre o sujeito urbano e o rural, assim como os tempos: não há uma divisão temporal do trabalho tão clara no campo como há na cidade. A jornada de trabalho de 8 horas diárias inexiste no campo; ela é construída de modo diferenciado e fragmentado. A diferenciação camponesa é resultado de sua produção do espaço, a qual tem importância vital para seu modo de vida e sua reprodução. Diversos autores, como Soja (1996), Sauer (2010) e Amin e Vergopoulos (1977) mostram que o espaço é vital para a reprodução social, econômica e cultural dos sujeitos do campo, diferentemente do que ocorre com os sujeitos urbanos, menos ligados ao espaço, ao território e ao lugar.

> A relação com o solo é totalmente diferente entre o sujeito urbano e o rural, assim como os tempos: não há uma divisão temporal do trabalho tão clara no campo como há na cidade.

O conflito, um elemento-base na vida e na construção do território camponês, ocorre porque os modelos vindos da cidade e aqueles presentes no campo são muitas vezes confrontatórios:

> A desumanização da cidade pelo tempo da mercadoria e do capital financeiro nega a sua herança comunitária de lugar de encontro e de lutas. A cidade torna-se centro privilegiado do consumo em detrimento de seu significado como lugar da política. Este movimento também é responsável pela transformação da natureza ou aquilo que é tido como tal em "gueto dos lazeres" e lugar separado do gozo, ou seja, o espaço do campo passa a integrar o modo de vida dos urbanos, sendo assim cada vez mais colonizado por eles. (Marques, 2002, p. 107-108)

Os antagonistas do modo de vida camponês têm a visão de que o campo é realmente um gueto dos lazeres, uma vez que é, sob seu olhar urbano, um local abandonado e à margem da lógica corrente na cidade. As comunidades camponesas são resistência e consequência do desenvolvimento geográfico desigual.

Segundo Soja (1996, p. 156), essa resistência ao desenvolvimento geográfico desigual pode ser entendida como **contraespaços**. Ou seja, os camponeses resistem, buscando manter sua relativa autonomia em relação ao meio de produção capitalista e também a manutenção de seu território de vida, tratando-se assim de uma luta não só pela conservação de suas terras e de sua produção, mas pela conservação de todas as suas relações sociais, culturais e de reprodução social (Sauer, 2010, p. 233).

Luxemburgo (1985) aponta a necessidade de se explorar um modo de vida não capitalista para se gerar capital. Amin e Vergopoulos (1977) vão além, afirmando que não é necessário somente isso, mas explorar também fontes menos capitalistas para produzir capital e transferir lucro. É o caso da indústria com a produção agrícola, como podemos observar na seguinte passagem:

> a política do preço agrícola é sugerida pelas necessidades do setor urbano e influenciada pelas condições do mercado internacional [...]
>
> H. Mendras num estudo através de questionário, constata que entre 60 e 71% dos camponeses queixam-se da insuficiência dos preços agrícolas e do preço muito elevado dos produtos industriais necessários à agricultura. Nesse mesmo estudo, 81% das respostas estimam que haja uma *troca desigual* entre o trabalho camponês fornecido e sua remuneração pela sociedade. (Amin; Vergopoulos, 1977, p. 114-115)

Ou seja, o campesinato e o campo são uma necessidade estrutural. Não há atraso. A pesada crítica feita ao espaço agrário está presente tanto em pensadores do espectro marxista quanto nos liberais positivistas. Grande parte de ambas as correntes considera a permanência do campesinato no campo uma anomalia que trava o crescimento do modo de produção capitalista. Haveria, para tais pensadores, um caráter antieconômico na pequena produção camponesa, sendo a grande produção uma escapatória para isso, por meio da agroindústria. Assim também pensam Amin e Vergopoulos (1977, p. 136, grifo do original): "Se se trata de qualificar o modo de operação do capital, diríamos que ele não é comandado por nenhuma espécie de **racionalidade imanente e territorializada**, mas ao contrário, está maduro para uma lógica frequentemente **fugidia e transcendente**".

Em outras palavras, não interessa ao modo de produção capitalista se sua fonte de lucro é urbana ou rural, desde que ela exista. O capital, portanto, flutuaria em busca do que melhor o remunera. E não seria fixo, portanto. Podemos assim concluir que o espaço agrário não é atrasado em sua estrutura, mas apenas diferente do que comumente vemos no espaço urbano.

Por fim, sairemos do espectro econômico para abordar a cultura e o modo de vida. Michel Foucault (2000, p. 11) chamou as práticas dos diversos sujeitos marginalizados (como os camponeses) de "saberes sujeitados", ou seja, os saberes e conhecimentos marginalizados e dos marginalizados. Logo, se entende aqui que o saber camponês é marginalizado desde sua origem. Sua relação com os meios urbanos é conflituosa e muitas vezes desfavorável. A possibilidade de que o camponês possa viver e produzir de maneira adequada e até mesmo melhor que o capitalista agrário dificilmente é considerada pelo senso comum urbano, o que Ploeg (2008; 2009) demonstra ser um grande equívoco, uma vez que, na grande maioria das vezes, a agricultura camponesa é mais produtiva que a agricultura capitalista e empresarial.

## 5.4 A subordinação do campo pela cidade

A subordinação do campo pela cidade, como vimos anteriormente, não é um fato isolado no Brasil, mas um fenômeno mundial que ocorre por necessidade do modo de produção capitalista. Vejamos o que Amin e Vergopoulos (1977, p. 104, grifo do original) dizem, ao tratar do pensamento de Preobrazensky:

> as formas atuais de indispensável pilhagem dos produtores diretos em favor de uma **acumulação do capital urbano** são:
> a. A elevação dos preços dos produtos industriais e redução dos preços agrícolas, de maneira que o homem do campo dê mais valores do que recebe em suas trocas com o setor urbano.
> b. Uma pressão fiscal deliberadamente pesada sobre os camponeses produtores.
> c. Empréstimos públicos forçados que permitirão ao Estado colocar uma economia aumentada a serviço da acumulação.
> d. Inflação como forma de poupança forçada, implicando na redistribuição da riqueza social em favor da produção em grande escala.

Os autores estão buscando mostrar as maneiras como o meio urbano domina e impõe suas necessidades ao campo. O capital urbano e suas faces, a indústria, os serviços, impõem "regras" ao campo que só o tornam ainda mais preso e subordinado.

A questão da luta de classes estadunidense, como já vimos (especialmente a burguesa contra a dos proprietários) foi resolvida por meio de uma guerra. Diversos autores nos ensinam isso, como Oliveira (1999), Amin e Vergopoulos (1977) e Moreira (2011). Mas é importante que vejamos também o que aconteceu e ainda acontece em outros países.

Moreira (2011) afirma que na Inglaterra a luta ocorre num aspecto mais conciliador. A classe dos proprietários, transvestida de aristocracia, cria um pacto com a então nascente burguesia. Com isso, se executa a política de cercamentos, que proíbe o uso comum da terra, como Thompson (1987) demonstra com clareza. Isso auxilia o domínio político da aristocracia inglesa, os *landlords*, e ao mesmo tempo cria a massa de camponeses que migra para as cidades, dando então força para o nascimento e ampliação do proletariado – tão necessário, em abundância, para a indústria nascente. **Temos na Inglaterra, portanto, uma aliança entre os proprietários e a burguesia**.

> O capital urbano e suas faces, a indústria, os serviços, impõem "regras" ao campo que só o tornam ainda mais preso e subordinado.

Já na França, como destacado por Amin e Vergopoulos (1977), Moreira (2011) e Bloch (2001), ocorreu uma aliança entre o **campesinato e a burguesia urbana**. Mas como? A nobreza rural francesa acaba por voltar todas as forças do Estado – que estava em suas mãos – para a extração de renda da terra. Há uma lacuna enorme em relação às outras classes sociais, sejam eles a burguesia urbana ou o campesinato, ambos sofrendo na pele com esse monopólio do Estado por parte da nobreza rural. Logo, em 1789 ocorre a **Revolução Francesa**. Tal revolução é entendida como uma revolução burguesa radical, a qual extermina a nobreza rural, realizando uma reforma agrária no campo. Forma-se assim uma aliança campo-cidade a partir dos dominados: a burguesia urbana e o campesinato. Tal pacto segue até os dias atuais, sendo o espaço agrário francês dominado pelas pequenas propriedades, enquanto as cidades pertencem à burguesia. Como cita Moreira (2012, p. 145): "Do mesmo modo que o sindicalismo é filho do movimento operário inglês, o socialismo é filho do movimento campesino francês".

**Figura 5.3** – Queda da Bastilha: Marca da Revolução Francesa e da queda da nobreza

HOUEL, J. **Queda da Bastilha em 14 de julho de 1789** (Título atribuído). 1789. 1 aquarela: color.; 37,4 × 49,9 cm. Museu Carnavalet, Paris.

De Agostini Picture Library / Universal Images Group – UIG / Imageplus

Discutindo a relação entre cidade e campo nos Estados Unidos, Moreira (2011) afirma que existia certa harmonia na produção do espaço daquele país: o Norte era dominado pela burguesia industrial urbana, o Sul pela aristocracia proprietária de terras escravista e o Meio-Oeste pelo campesinato. A terra era "ilimitada". Com o fim dessa abundância, a burguesia nortista se alia ao campesinato do Meio-Oeste contra o Sul. É provocada então a Guerra Civil (1861-1865), encerrada por vitória do Norte. Com o Home State Act, de 1862, os EUA, na figura do presidente Lincoln, fazem sua reforma agrária. Com isso, aos moldes do que ocorreu na Revolução Francesa, a burguesia urbana e o campesinato (lá conhecido como *farmers*) acabam por se aliar para tomar o Estado.

**Figura 5.4** – A subordinação do campo pela cidade

Companhia E4, do então chamado *exército de cor* dos EUA, durante a Guerra Civil. Emancipados da escravidão, tais sujeitos foram os grandes beneficiados pela reforma agrária ocorrida no país.

Por fim, temos o caso germânico. Diversos autores, como Fernandes (1976) e Ianni (1984), fazem comparações desse caso com o brasileiro, por isso sua grande importância.

Os povos germânicos não eram unificados até 1870. Compunham até ali uma união aduaneira, composta por mais de 25 Estados, cada um com suas próprias regras. Existiam e ainda existem diferenças culturais grandes entre o norte e o sul, e econômicas entre o leste e o oeste. O sul do que hoje é a Alemanha, por exemplo, é católico. O norte é luterano. A oeste, as invasões napoleônicas acabam por fortalecer a pequena propriedade, e em consequência o campesinato, o que facilita a expansão fabril, como ocorrido nos EUA e na França. No leste, ao contrário, tais invasões acabaram por transformar a elite local, os *Junkers*, numa poderosa burguesia. Como afirma Moreira (2014, p. 146):

> do mesmo modo que o oeste domina uma forte burguesia assentada na grande indústria, no leste a burguesia *junker* enfeixa em suas mãos o monopólio (1) da terra, (2) da comercialização da produção, (3) do alto escalão militar e (4) dos postos chave da burocracia do Estado. Acovardada frente à força com que nasce o proletariado industrial, a burguesia fabril sela uma composição pelo alto com a burguesia *junker,* que, por meio da guerra franco-prussiana, movida contra a França em 1870 com esse sentido, unifica toda a Alemanha sob uma sob uma só unidade de território e de Estado, com a burguesia prussiana na cabeça.

O que temos, nesse caso, é uma aliança entre a burguesia industrial, urbana e produtiva e uma classe de proprietários, os *Junkers*, modernizada, menos aristocrática nas práticas produtivas. Sua associação acaba por levar a Alemanha a duas guerras mundiais. Apenas após 1945 temos o fim dessa associação, com o país destroçado e dividido.

E o Brasil? Martins (2015) aponta que a industrialização brasileira foi promovida por certa parte da classe dos proprietários, os quais viram a necessidade de investir seu capital no processo produtivo, devido à crise a ao fim do escravagismo no país. Logo, no Brasil, temos figuras que se confundem entre o proprietário de terras e o capitalista.

> No restante do globo, especialmente nos países capitalistas hegemônicos, o domínio da cidade sobre o campo é quase total.

A urbanização prevê a subordinação de todo trabalho ao assalariamento. Assim se compreende a forma típica capitalista, bem como a própria urbanidade (Marques, 2006). Contudo, no Brasil, tal modelo não foi aplicado. Ocorreram e ainda ocorrem diversos conflitos entre os dominantes. O tecido urbano dominou, sim, o campo, contudo a antiga elite agrária está hoje em consonância com a urbana. Sua morada é urbana. Essa elite agrária se desloca da *casa grande* para áreas nobres das cidades. Assim, o poder político está centrado nas cidades. Diversos acordos ao longo do século XX foram sendo trabalhados para que tal modelo político seguisse em voga:

> momentos da evolução histórica da formação social brasileira: de hegemonia da acumulação agromercantil dos anos 1910-1920; de instituição da *pax agrariae* dos anos 1930-1940; de projeto industrial

do pacto populista dos anos 1950-1960; de instituição da hegemonia financeira dos anos 1970-1980. (Moreira, 2014, p. 148)

Portanto, podemos considerar que o antigo poder que havia no campo, no âmbito político, foi transferido para a cidade, mas ficou nas mãos dos mesmos sujeitos que já detinham tal poder. Já no caso econômico, a subordinação do campo ocorre por conta do aspecto tecnológico e de capital superior das cidades. No restante do globo, especialmente nos países capitalistas hegemônicos, o domínio da cidade sobre o campo é quase total. No Brasil, não podemos dizer o mesmo. O agronegócio tem um poder muito grande, tanto na economia quanto na política. Por isso, o campo brasileiro é subordinado, sim, mas por outros motivos: "A subordinação do campo aos interesses de classe sediados na cidade está relacionada à posição que camponeses e trabalhadores rurais ocupam na sociedade, à função que desempenham na divisão social do trabalho e ao lugar que lhes é reservado como espaço de vida". (Marques, 2006a, p. 184).

## Síntese

Neste capítulo, tratamos da dicotomia entre o campo e a cidade e dos conceitos correlatos *urbano* e *rural*. Com os conceitos de Henri Lefebvre, debatemos a validade da urbanização crescente do meio rural, por meio do ataque à cultura campestre pelo modo de viver urbano. Abordamos a ruralidade e a urbanidade em relação aos sujeitos que atuam no meio do campo, e da visão tradicional que considera o campo atrasado e a cidade mais evoluída. Depois, construímos o conceito de temporalidade e espacialidade diferenciada entre o campo e a cidade, sem que haja estagnação no ambiente rural e demonstrando que a diferença dos tempos e espaços apenas constitui os ambientes diferentes, não os classifica como mais ou menos avançados. Após isso, verificamos como o capital urbano invade o espaço rural com a lógica e a vida capitalista da cidade, obrigando-o à submissão pela expansão geográfica do capital. Ressaltamos que ocorre essa mitificação do espaço rural desde a época romana, verificando a etimologia das palavras ligadas ao campo e à cidade, chegando à demonstração da submissão forçada daquele em relação a esta. Deduzimos ainda a situação especial que o Brasil ocupa nesse campo, pois não sofreu, como outros países como os EUA, a França e a Alemanha, nenhum processo de inflexão da propriedade da terra em benefício dos camponeses, permanecendo, portanto, a lógica do latifúndio e da grande propriedade como dominante.

## Atividades de autoavaliação:

1. O espaço geográfico não é homogêneo. Nele existem diferenças que podem variar desde as menores até as mais expressivas. A maior diferença estrutural que podemos citar ao tratar do espaço geográfico é aquela entre o espaço urbano e o espaço agrário. O que podemos citar como essencial para a divisão do espaço em urbano e rural?
   a) A divisão socioespacial do trabalho.
   b) O modelo de produção.
   c) O poder político.
   d) O fato de a população ser maior nas cidades.
   e) A produção e reprodução de capital.

2. Leia a passagem a seguir e responda ao que se pede. Tenha em mente que a questão da urbanidade e da ruralidade pode ser vista de diversos ângulos e perspectivas, mas há um consenso de que as práticas da cidade destroem os modos de vida do campo:

> A desumanização da cidade pelo tempo da mercadoria e do capital financeiro nega a sua herança comunitária de lugar de encontro e de lutas. A cidade torna-se centro privilegiado do consumo em detrimento de seu significado como lugar da política.
>
> Este movimento também é responsável pela transformação da natureza ou aquilo que é tido como tal em "gueto dos lazeres" e lugar separado do gozo, ou seja, o espaço do campo passa a integrar o modo de vida dos urbanos, sendo assim cada vez mais colonizado por eles. (Marques, 2002, p. 107-108)

O que a autora quer dizer com tal reflexão?
a) Que a cidade tem uma visão romântica, telúrica do campo.
b) Que a cidade subordina o campo, visando a seus interesses.
c) Que o campo é separado da cidade, virando um lugar de passeio, pois está vazio.
d) Que o campo e a cidade são separados pelo consumo.
e) Que o campo é visto como sinônimo de natureza.

3. Diversos casos no mundo apresentam o campo como subordinado à cidade. Nos Estados Unidos, França e Alemanha essa subordinação ocorreu antes do que no Brasil. Porém, existem semelhanças entre alguns casos. O caso brasileiro de subordinação do campo pela cidade pode ser comparado ao caso de qual outro país?

a) França, onde ocorreu uma aliança entre a burguesia e o campesinato para extinguir os proprietários aristocratas na Revolução de 1789.

b) Nenhum país, pois a situação brasileira é única no mundo.

c) EUA, onde a burguesia se aliou ao campesinato para combater os proprietários na Guerra Civil.

d) Inglaterra, onde os proprietários, mais fracos, se aliaram à burguesia.

e) Alemanha, onde a burguesia e os proprietários se aliaram de modo a criar um Estado forte que servisse a seus interesses.

4. O urbano tem um padrão de consumo diferente do rural. Devemos pensar o campo como diferente, e não como atrasado. Antes de tudo, o campo é essencial para a própria reprodução da cidade e do capitalismo. Por quê?

a) O campo produz alimento e sem alimento não existe vida.

b) A cidade tem uma dependência permanente de mão de obra advinda do campo.

c) Segundo Luxemburgo, é pela exploração de formas não capitalistas que é possível produzir capital, como no caso dos camponeses.

d) Segundo Lefebvre, o campo fornece à cidade as possibilidades de sua expansão territorial, sem a qual não seria possível reproduzir o capital.

e) A relação entre cidade e campo é dialética; um produz gêneros para o outro.

5. O campo, no Brasil, tem grande importância econômica e política. Podemos constatar isso pelos números apresentados pelo agronegócio e pela própria bancada ruralista na ação política. A subordinação do campo pela cidade ocorreu no Brasil?

   a) Em parte, mais em relação aos aspectos produtivo e cultural do que ao político.
   b) Não, o campo ainda predomina em todos os aspectos no Brasil.
   c) Sim, o campo e seus sujeitos são irrelevantes na sociedade nacional.
   d) Em parte, pois o poder político se transferiu para a cidade, mas ainda é o campo que produz cultura.
   e) Em parte, porque o campo permanece como refugio.

## Atividades de aprendizagem

### Questões para reflexão

1. "O espaço rural não é somente uma expansão do modelo capitalista de produção, mas também uma expansão do modelo de reprodução das relações capitalistas de produção do espaço" (Lefebvre, 1973, p. 96). Por isso vemos a urbanidade dominar e subordinar o agrário em todos os sentidos.

   Considerando a ideia apresentada no excerto e o que foi abordado no capítulo em relação às diferenças entre campo e cidade, responda: o que se entende por espaço agrário e qual sua relação com o modo de produção capitalista? O modo como o capitalismo produz o espaço também adentra o espaço agrário?

2. O poder político mudou, em parte, do campo para a cidade. Ocorreu ao longo do século XX uma mudança constante do padrão hegemônico de produção. Refletindo sobre isso e sobre o conteúdo aprendido ao longo do capítulo, discuta sobre o avanço do capital no campo e suas consequências. Leia o excerto a seguir para melhor embasamento:

> momentos da evolução histórica da formação social brasileira: de hegemonia da acumulação agromercantil dos anos 1910-1920; de instituição da *pax agrariae* dos anos 1930-1940; de projeto industrial do pacto populista dos anos 1950-1960; de instituição da hegemonia financeira dos anos 1970-1980.
> (Moreira, 2014, p. 148)

## Atividades aplicadas: prática

Para que você entenda melhor e de forma prática a longa discussão sobre o rural e o urbano, recomendamos uma pesquisa: busque informações sobre o Imposto Predial Territorial Urbano (IPTU) e o Imposto Territorial Rural (ITR). Como fio condutor, você deve, durante a pesquisa, focar nos seguintes pontos: como se define quem paga IPTU e quem paga ITR? Para onde vai o dinheiro do IPTU? Para onde vai o dinheiro do ITR? Qual imposto arrecada mais dinheiro?

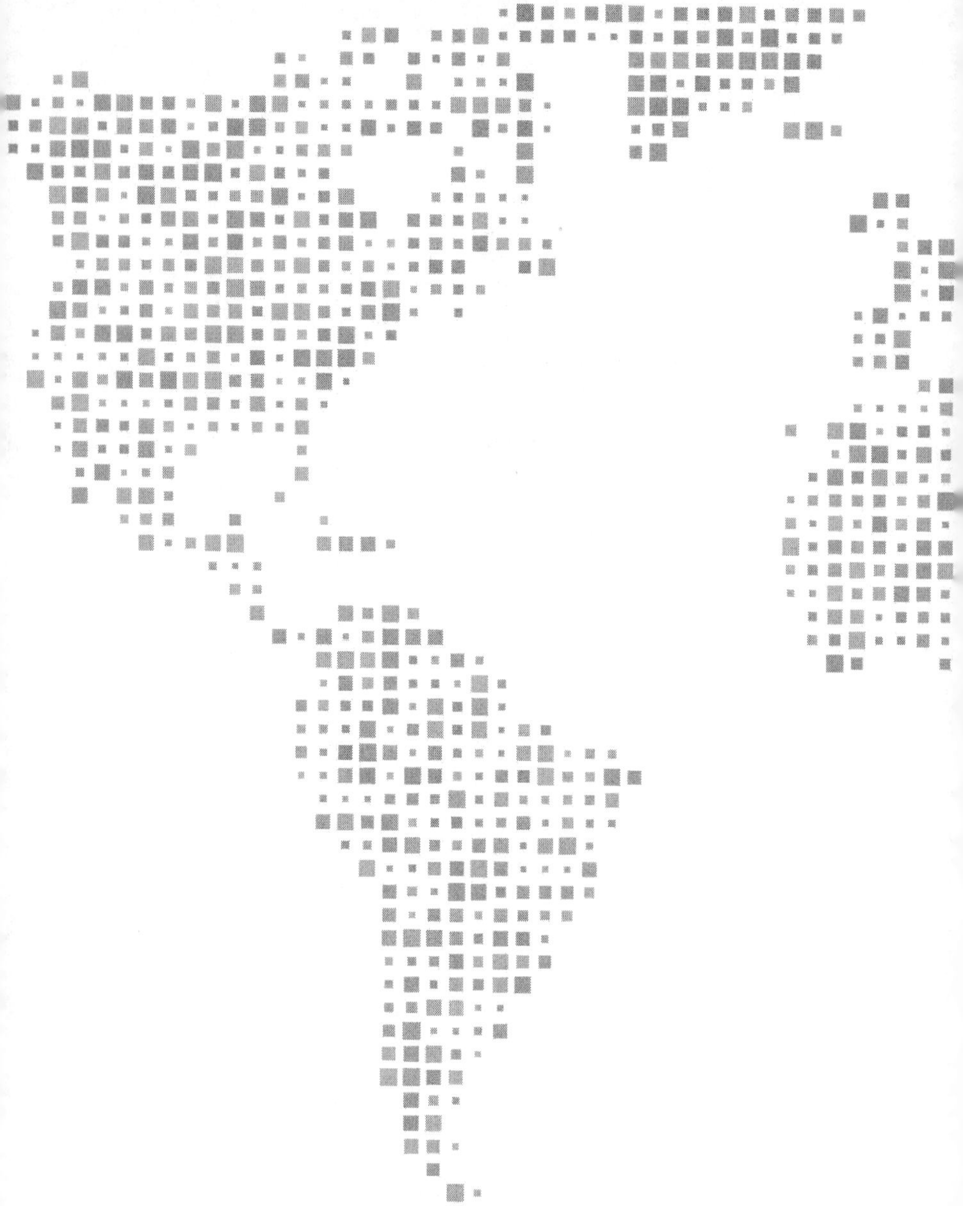

# 6

# O campo no Brasil do século XXI – mesmos conflitos, novos sujeitos

Neste capítulo, abordaremos três temáticas que estão em evidência atualmente nos estudos agrários: **a agroecologia, os povos e comunidades tradicionais e a luta por terra e território**. Tais temas ganham importância diariamente e têm impacto nas vidas de diversas pessoas, como os camponeses, com suas produções diferenciadas (no caso da agroecologia) e na defesa de seus territórios (no caso de se identificarem como povos e comunidades tradicionais), ou ainda a própria população urbana, que ganha o acesso a produtos alimentícios saudáveis graças à ausência de agrotóxicos. O conceito de *território* é de suma importância nesse contexto, assim como o de *identidade*.

Entende-se que a agroecologia é uma bandeira de luta que ganha adeptos dia após dia. Sua viabilidade tanto econômica quanto social e ambiental é essencial para sua expansão e defesa. Vemos desde já, nos povos e comunidades tradicionais, um fortalecimento muito grande de suas lutas e demandas. Diversos pensadores começam a entender que esses sujeitos são os conhecidos *posseiros* que sempre apareciam em dados de censos agropecuários, que sempre sofriam nas mãos do latifúndio e do agronegócio, mas que poucas vezes tinham voz – o que começa a mudar.

Trataremos também do embate conceitual surgido a partir da realidade das lutas por terra e território. A bandeira da luta por território ganhou força nos últimos vinte anos. Ela não se restringe somente ao Brasil, mas está muito presente em toda a América Latina. Sua importância é enorme, assim como sua força.

## 6.1 A emergência da agroecologia

Como vimos no Capítulo 4, *agronegócio* é o nome dado à agricultura puramente capitalista. Vimos seus mecanismos de controle e expansão, aprendendo como ele funciona. Abordamos também a agricultura camponesa, seu modo de produzir e suas lutas. Entretanto, cabe ressaltar que essas duas forças sofreram um processo de modernização conservadora, ocorrida nos anos 1960-1970.

Antes de adentrarmos a agroecologia em si, precisamos entender como foi o processo de implementação de todo o aparato químico, político, econômico e científico na agricultura de modo geral.

Iniciada após a Segunda Guerra Mundial e aplicada com força no Brasil durante o regime militar, a chamada **revolução verde** foi um momento ímpar na agricultura mundial. Apoiada tanto pela agricultura capitalista como pela camponesa, a introdução de químicos para melhorar os níveis de produção foi aceita e festejada (esta é a definição de *revolução verde*). Nos ensina Oliveira (2012) que tanto os governos mundiais (por meio de subsídios) quanto a Organização das Nações Unidas para Agricultura e Alimentação (FAO, sigla em inglês) e outras organizações voltadas à agricultura auxiliaram no desenvolvimento dos agrotóxicos e das sementes selecionadas. Oliveira (2012) mostra que essa revolução verde foi guiada pelas políticas *malthusianas* presentes na Organização das Nações Unidas (ONU), na FAO e nos governos estadunidense e da Europa Ocidental, os quais acreditavam que a produção de alimentos crescia de maneira muito inferior ao crescimento populacional. Lembre-se ainda que o crescimento na produção de alimentos beneficiaria também esses países, exportadores da tecnologia utilizada na própria revolução verde.

No Brasil, criada em 1973, o auge da ditadura militar, a Empresa Brasileira de Pesquisa Agropecuária (Embrapa) é o maior símbolo do processo de introdução da revolução verde. Seu objetivo é o fomento e a pesquisa para o desenvolvimento de tecnologias, conhecimentos, ações e planos para auxiliar na produção brasileira em relação à agricultura e à pecuária. A Embrapa é a face brasileira da revolução verde.

Por meio da Embrapa, o governo brasileiro conseguiu modificar o padrão produtivo nacional. Inseriu o agrotóxico na agricultura camponesa, a fim de aumentar a produção de alimentos e baixar seu preço (recordando que a agricultura camponesa produz majoritariamente alimentos), além de subsidiar a compra de sementes melhoradas pela seleção das mais fortes (o processo não utiliza sementes modificadas geneticamente, apenas melhoramento pela seleção das mais fortes e produtivas por meio de pesquisas científicas e agronômicas). A consequência da revolução verde foi a maior dependência do campesinato em relação ao Estado, seja com a destruição das chamadas *sementes crioulas* (aquelas que eram trocadas entre camponeses e que tinham características próprias da região), seja com o financiamento para compra de agrotóxicos (que ocasiona dependência do campesinato em relação aos bancos estatais). Além disso, acabou-se por criar uma dependência dos produtores de alimentos em relação ao Estado, ou a empresas fornecedoras de agrotóxicos e outros insumos agrícolas.

No âmbito do agronegócio (a agricultura capitalista), ocorreu um processo semelhante. Sem modificar a estrutura fundiária, ou seja, mantendo os grandes latifúndios, o Estado acabou por incentivar a produção de *commodities*, fornecendo (por meio da Embrapa) o conhecimento e as pesquisas necessárias para inserir o empresário capitalista do campo no mercado mundial. O objetivo era modernizar o campo, contudo o que se viu foi uma modernização conservadora (Canuto, 2004), já que a modernização se deu somente nas técnicas e não no restante do modelo, permanecendo então a desigualdade fundiária, econômica, social e política no campo. Mas por que se desejava modernizar o campo, em especial a agricultura capitalista? Podemos dizer, baseando-nos em Chesnais (1996) e Oliveira (2012), que modernizar o campo era necessário por causa de sua crescente mundialização. Somente assim o país entraria na concorrência mundial de *commodities*, as quais ainda são a maior fonte de dólares para a economia nacional. Ou seja, para beneficiar o Estado e especialmente a classe dos proprietários de terra, deixaram-se de lado os demais problemas presentes no campo.

A agroecologia surge como um contra-ataque à expansão do uso dos agrotóxicos. Bombardi (2012) faz um levantamento acerca dos problemas que os agrotóxicos representam tanto para a saúde quanto para a economia. A autora exemplifica da seguinte maneira:

> As empresas fabricantes de agrotóxicos têm apresentado uma organização oligopolizada, em que há o controle do mercado brasileiro por um pequeno grupo de empresas. No Brasil, as dez maiores empresas de agrotóxicos foram responsáveis por 75% do mercado de venda, na última safra [...].
>
> Notadamente, percebe-se a subordinação da agricultura brasileira ao capital internacional. Arcaico e moderno se fundem: intoxicações, doenças e mortes, são o outro lado da moeda desta "moderna agricultura" que demanda toneladas de agrotóxicos produzidos

com tecnologia de ponta, pelas maiores transnacionais do setor químico mundial. (Bombardi, 2012, p. 10-11)

Os danos à saúde humana são brutais. Em trabalho recente, Bombardi (2016) construiu um panorama especializado dos problemas decorrentes do uso de agrotóxicos para a saúde do povo brasileiro. Os mapas a seguir demonstram quão afetados são os camponeses e os trabalhadores do campo de nosso país.

Esses mapas são a base para interessantes análises e conclusões. O fato mais marcante e evidente é que o uso de agrotóxicos está intimamente ligado a problemas na saúde do camponês e do trabalhador do campo. Em segundo lugar, é notável como o uso de agrotóxicos é mais marcante nos três estados do Sul do Brasil e em São Paulo. Tendo por base ainda o trabalho de Bombardi (2011), podemos compreender que isso ocorre por duas razões: no caso do Sul do Brasil, pelo fato de que o campesinato está subordinado ao capital e se submete às necessidades produtivas do agronegócio para sobreviver. Já em São Paulo, temos os trabalhadores rurais sofrendo com o agrotóxico, seja na cana-de-açúcar, seja em outras culturas.

Podemos ver então como o impacto é gigantesco na vida humana. O oligopólio que as empresas de sementes e agrotóxicos representam é também muito impactante para a economia da agricultura camponesa, a qual se torna refém dessas empresas. A agroecologia, nesse cenário, surge como uma resposta. Altieri e Nicholls (2000) mostram a agroecologia como alternativa para essa agricultura, na qual o veneno e as empresas são tão presentes. Os autores mostram como ela pode aumentar a produtividade dos sistemas agrícolas por si só, buscando a lógica local, ou seja, produzir por e a partir do que há em certa região, utilizando sempre técnicas não químicas, que resgatam o saber-fazer camponês.

## Mapa 6.1 - Intoxicação por agrotóxicos no Brasil

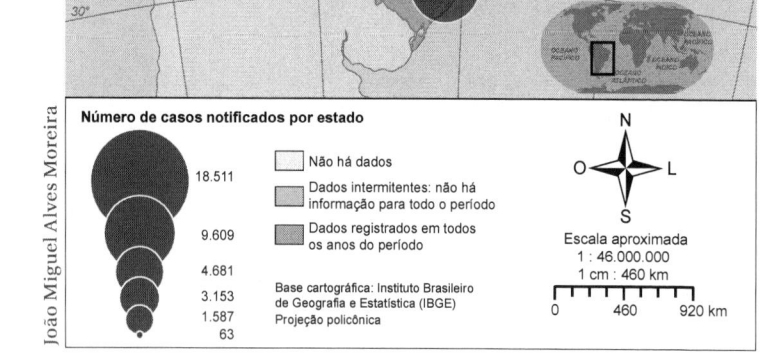

**Número de casos notificados por estado**

- 18.511
- 9.609
- 4.681
- 3.153
- 1.587
- 63

- Não há dados
- Dados intermitentes: não há informação para todo o período
- Dados registrados em todos os anos do período

Base cartográfica: Instituto Brasileiro de Geografia e Estatística (IBGE)
Projeção policônica

Escala aproximada
1 : 46.000.000
1 cm : 460 km

0 — 460 — 920 km

Fonte: Bombardi, 2016.

Devemos ressaltar, porém, que existem alguns empecilhos à agroecologia. O principal deles é a necessidade de um amplo aparato de crédito para o produtor modificar sua produção. A mudança de uma agricultura com químicos para uma agricultura agroecológica é demorada e durante esse período seria necessário apoio financeiro para o produtor. Outro fator problemático é a necessidade de se trabalhar em conjunto. Não é possível ser agroecológico sozinho; é necessário que todas as outras propriedades ao redor também o sejam, devido ao fato de que o agrotóxico se espalha para além de onde foi pulverizado. Por fim, outro ponto central é a necessidade de mão de obra. Não é possível um grande latifúndio agroecológico – somente nas comunidades camponesas isso seria viável. A produção agroecológica exige grande vigilância e constante trabalho nos cultivos, diferentemente da agricultura convencional.

Altieri e Nicholls (2000) trabalham visando três perspectivas: a social, a política e a ambiental, considerando-as indissociáveis. A agricultura ecológica, para eles, é uma alternativa ao modelo vigente. Defendem, com dados científicos, que os sistemas elaborados pelos camponeses são muito produtivos, mesmo sem venenos ou insumos químicos. Esse conhecimento tradicional camponês acabou sendo esquecido ou perdido graças à revolução verde. Outro ponto essencial é a importância da policultura. Nesse ponto, os autores fazem uma pesada crítica à monocultura, seja ela grande ou pequena. Altieri e Nicholls (2000) defendem que tal modelo é maléfico: tanto economicamente, pois deixa o produtor à mercê de crises e variações de preços; quanto ambientalmente, pois demanda uma grande quantidade de veneno para o combate a pragas.

Porém, o que seria essa preocupação que os autores têm com as potencialidades de cada região? É simples: cada região deve produzir o que melhor se adapta ali, ou o que nela já existe. Não adianta ao campesinato sulista, por exemplo, produzir alguma variedade de fruta nordestina que necessita de diversos insumos para poder se desenvolver, por causa da diferença climática. Altieri e Nichols (2000) vão ao encontro do que Ploeg (2009) discute: o empobrecimento sistêmico da agricultura alimentar.

Os três autores defendem que há um empobrecimento na produção, seja no âmbito de variedades, seja no de autonomia, gerado pela criação de verdadeiros **impérios alimentares**, como define Ploeg (2008). Logo, é imperativo que se pense em uma saída para esse empobrecimento, para essa monopolização da produção. Uma alternativa assim, para Altieri (1999), precisaria atender a quatro requisitos:

» crédito barato;
» mercado justo;
» tecnologias apropriadas;
» desenvolvimento sustentável.

Tais requisitos seriam uma resposta ao padrão da revolução verde, cuja essência está nas ideias de **monocultivo, insumos, maquinários, sementes melhoradas e patenteadas e extensão rural homogeneizadora**. Esse modelo embasado na revolução verde resulta na degradação ecológica e da saúde humana. A seguir, podemos observar um plantio agroecológico. Combinando os saberes camponeses com o desejo de melhora da saúde, integram-se diversas plantas que se complementam em sua própria defesa contra pragas. Por isso, a paisagem de um cultivo agroecológico não é homogênea, mas sim diversa e complexa.

**Figura 6.1** - Camponês em cultivo agroecológico

*Dirceu Portugal/Fotoarena*

Outros dois autores são essenciais para essa discussão: Gliessman (2008) e Sevilla Guzmán (2006). Gliessman (2008) defende que há, na realidade, um agroecossistema. Ou seja, não é possível dissociar a agricultura da ecologia, ambas envoltas em um único sistema. Para o autor, é possível fazer uma análise escalar de como se dá a agroecologia. Ela se inicia com o respeito ao ecossistema, estando este inserido em uma bacia hidrográfica. A comunidade é a produtora, por meio, sempre, de policultura. O organismo, a planta, apesar de individual, só conseguiria se desenvolver em sua plenitude em consórcio com outras plantas, por isso a necessidade da policultura. O individual só resiste na troca com outros.

Já Sevilla Guzmán (2006) aponta que a agroecologia é dependente do campesinato. Ela seria uma orquestração não hierárquica das ciências e dos sujeitos; uma simbiose das ciências biológicas com as humanas e com os sujeitos – no caso, os camponeses. Pensamento semelhante é observado nos estudos de Shanin (1980), que afirma existir uma organização social diferente da hegemônica:

a classe camponesa. Destaca ainda, indo ao encontro de Altieri (1999), que não se pode ver a agroecologia como homogênea; é preciso entender as diferenciações existentes de comunidade camponesa para comunidade camponesa, de região para região. Podemos concluir que a agroecologia é a fusão entre elementos ecológicos e a sabedoria camponesa, em uma relação manejada por organizações socioculturais que congregam diversos grupos camponeses, em locais onde estes sujeitos podem trocar conhecimentos e práticas de cultivo. O esquema a seguir sintetiza o que podemos entender como a agroecologia, partindo da análise dos três autores apresentados no esquema. Logo, a agroecologia é a junção de elementos ecológicos, de manejo da natureza, com os saberes e fazeres camponeses, além das organizações próprias e diferentes daquelas vigentes na cidade e no capitalismo:

**Figura 6.2** - Esquema dos três pilares de sustentação da agroecologia

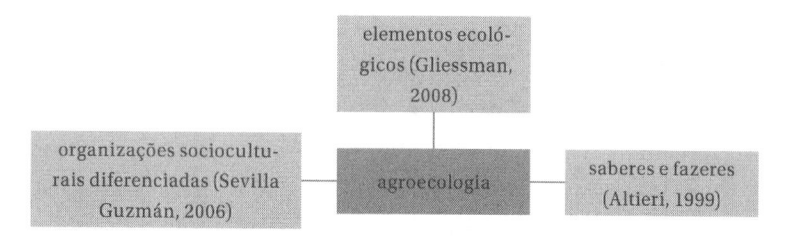

```
                         elementos ecoló-
                         gicos (Gliessman,
                              2008)
                                |
organizações sociocultu-        |        saberes e fazeres
rais diferenciadas (Sevilla — agroecologia — (Altieri, 1999)
     Guzmán, 2006)
```

Por fim, podemos chegar à conceituação de Caporal e Costabeber (2000). Tais pensadores constroem a ideia de que é preciso mudar o sistema de agricultura que vivemos. Essa seria uma mudança de um sistema agroquímico para um sistema agroecológico. Tal processo corresponderia a uma fusão de saberes econômicos, religiosos, filosóficos e científicos, os quais desaguam nas lógicas singulares de cada localidade, de cada comunidade. Como citou

Sevilla Guzmán (2006), creem também Caporal e Costabeber (2000) que não há uma agroecologia, mas várias, que fogem da dependência econômica e técnica das grandes empresas químicas para buscar, na própria natureza e nos saberes tradicionais, uma alternativa para a produção sustentável e saudável. A agroecologia é uma força importante nos dias de hoje. Diversos movimentos sociais do campo nela se pautam, buscando sua aplicação e ampliação, figurando o MST como o maior símbolo dessa proposta. Devemos ressaltar que até mesmo a Embrapa tem parte de suas pesquisas voltadas à agroecologia, buscando fortalecer suas práticas, a autonomia do campesinato e a saúde das pessoas.

## 6.2 Os povos e comunidades tradicionais

Novos sujeitos sociais do campo ganharam visibilidade nos últimos anos, mais especificamente a partir da primeira década do século XXI: os povos e comunidades tradicionais. Suas demandas podem ser vistas pela criação inclusive de uma política pública voltada especialmente a seus interesses, como é o caso do Plano Nacional de Desenvolvimento Sustentável dos Povos e Comunidades Tradicionais (PNPCT), criado em 2007.

Pensadores como Almeida (2004) e Little (2002) afirmam que é recente a preocupação do Estado em compreender formas diferenciadas de gestão fundiária, e ainda é de difícil compreensão por parte jurídica, no Brasil, o modo diferenciado de uso da terra, produção econômica, reprodução social e cultural por parte desses grupos. Alguns autores como Edelman (2013) e especialmente Brass (1991; 2010) entendem que a utilização da ideia de povos e comunidades tradicionais é válida do ponto de vista das identidades, contudo afirmam que não se pode perder de vista o caráter classista da luta travada por tais sujeitos.

A diferença central que auxiliou na construção do conceito conhecido como povos e comunidades tradicionais foi o fato de que o Estado não compreendeu que sua luta não se pautava pelo acesso à terra, mas sim pela manutenção de sua presença na terra. A luta por terra e território se torna, então, a principal demanda desses sujeitos. A convenção 169 da Organização Internacional do Trabalho (OIT, 2005), reconhecida no Brasil em 2004 pelo Decreto n. 6.040, de 7 de fevereiro de 2007 (Brasil, 2007a), fomenta ainda mais a luta e acaba por garantir e legitimar a batalha por terra e território.

Mas qual a importância dessa convenção para a luta e consolidação do movimento dos povos e comunidades tradicionais? Calegare, Higuchi e Bruno (2014) afirmam que, na construção do documento, levou-se em conta tanto o caráter de preservação da natureza inerente ao modo de vida de certos grupos da sociedade quanto a questão de povos e comunidades indígenas e tribais.

Destacamos aqui que a OIT 169 não versa sobre povos e comunidades tradicionais especificamente, mas sim sobre povos originários, indígenas e tribais (OIT, 2005). Assim, é necessário irmos diretamente à convenção para melhor compreendermos o que ela diz:

**Artigo 1º**
1. A presente Convenção aplica-se:
a. aos povos tribais em países independentes, cujas condições sociais, culturais e econômicas os distingam de outros setores da coletividade nacional

e que estejam regidos, total ou parcialmente, por seus próprios costumes ou tradições ou por legislação especial;

b. aos povos em países independentes, considerados indígenas pelo fato de descenderem de populações que habitavam o país ou uma região geográfica pertencente ao país na época da conquista ou da colonização ou do estabelecimento das atuais fronteiras estatais e que, seja qual for sua situação jurídica, conservam todas as suas próprias instituições sociais, econômicas, culturais e políticas, ou parte delas. (OIT, 2005, p. 2)

Esse artigo da convenção trata de povos que apresentam uma construção econômica, social, cultural e política diversa. No inciso seguinte do mesmo artigo (OIT, 2005), o ponto da autoidentificação é levantado. Esse ponto é imprescindível para o entendimento e construção legal da defesa desses sujeitos contra o desrespeito a seus territórios de vida. Enquanto o inciso 1 cita povos tribais e indígenas, o inciso seguinte acaba por definir que o entendimento sobre quem são tais povos é aberto, cabendo a eles se autoidentificar.

Para Calegare, Higuchi e Bruno (2014), devemos pensar que os povos e comunidades tradicionais surgem, como conceito, com base em discussões internacionais sobre preservação da natureza. Tais debates chegaram ao entendimento – ou aceitação – de que existem grupos sociais que estão inseridos em áreas de preservação e de que tais grupos não são maléficos à natureza. Ao contrário, por vezes ajudaram na defesa e manutenção dessa natureza. Desse ponto em diante, a construção da convenção, que em nosso país deságua no conceito de povos e comunidades tradicionais, leva em consideração a importância desses sujeitos.

Ainda tendo como base o trabalho de Calegare, Higuchi e Bruno (2014), vemos ainda no início dos anos 1990 a ampliação do conceito, que antes abraçava somente *indigenous peoples* (povos indígenas), chegando então a incluir no debate as *local communities* (comunidades locais). É tendo em vista essa construção que, em nosso país, se constrói o conceito de povos e comunidades tradicionais.

> Tendo como foco a possibilidade de permanência de pessoas e direito ao uso de recursos naturais nas APs[i] de uso indireto, se passou a reconhecer grupos não étnicos – ou seja, não restrito aos povos indígenas e/ou remanescentes de quilombos – como portadores de características positivas à conservação, graças à sua relação harmônica com a natureza. Dai o surgimento das **populações tradicionais**. (Calegare; Higuchi; Bruno, 2014, p. 120, grifo do original)

Diegues (1996; 2001) é o grande pensador dessa construção teórica conceitual no Brasil. A partir da antropologia, ele discute o conceito de *povos e comunidades tradicionais* e sua aplicabilidade. É importante ressaltar que o autor tem a noção clara de que povos e comunidades tradicionais, enquanto prática, não destroem nem atentam contra a construção prática da classe camponesa, por exemplo. Para o autor, são outras construções, um outro foco. Como demonstra Diegues (1996), os povos e comunidades tradicionais têm a característica básica da preservação e ampliação da natureza, seja pela necessidade econômica, simbólica, social

---

i. APs são Áreas Protegidas. No Brasil, o debate sobre comunidades nessas áreas teve início em meados da década de 1980 (Calegare; Higuchi; Bruno, 2014).

ou política. Diegues (2001) chama atenção ainda para a diversidade fundiária presente na vida desses sujeitos, e que, apesar de em grande parte, serem camponeses, o conceito de *povos e comunidades tradicionais* não é fechado somente no campesinato, mas inclui em seu bojo outros grupos que extrapolam a ideia de classe, como ciganos (etnia) e indígenas (sociedade) ou povos de terreiros (religião). Calegare, Higuchi e Bruno fazem um apanhado geral da construção de Diegues:

> Essa literatura nacional, aliada àquelas discussões internacionais a respeito de *indigenous peoples*, serviu de base à produção acadêmica brasileira a respeito dos PCT. Diegues (2004), precursor do debate em nível nacional, teoriza a respeito desses grupos sociais sob o crivo da defesa da permanência de habitantes em Unidades de Conservação (UCs). O autor descreve que há certa confusão no uso dos termos *populações/sociedades/culturas/comunidades tradicionais* como referência a grupos não indígenas brasileiros. Isso porque dependendo do viés teórico, em geral oriundo das ciências sociais, cada um desses termos alude a algo diferente: o camponês, a sociedade primitiva e assim por diante.

Além de recapitular as diferenças de compreensão das abordagens em Antropologia a respeito da influência mútua cultura/ambiente, Diegues (2004) recupera também as produções científicas que colocam em debate o campesinato histórico. O autor mostra como em tais teorizações se acentua a diferenciação de certos grupos sociais segundo distintos critérios:

a) se são autônomos ou não em relação à sociedade capitalista e qual o grau de dependência; b) se a cultura está mais ou menos atrelada ao modo de produção capitalista ou à pequena produção mercantil; c) do grau de relação com a natureza, que define sua territorialidade; d) como, além do espaço de reprodução econômica e das relações sociais, o território é também o *locus* das representações e do imaginário mitológico desses grupos.

Com base nesses critérios gerais de diferenciação, Diegues (2004) aponta onze características que tornam singulares as culturas e sociedades tradicionais, baseadas numa noção de tipo ideal. No entanto, o mesmo ressalta que nenhuma dessas culturas existe em estado puro, devido ao maior ou menor peso de cada um desses fatores e grau de articulação com o modo de produção capitalista, que altera a configuração primária das mesmas. Diegues e Arruda (2001) apontam como exemplo empírico das **sociedades tradicionais**: açorianos, babaçueiros, caboclos/ribeirinhos amazônicos, caiçaras, caipiras/sitiantes, campeiros (pastoreio), jangadeiros, pantaneiros, pescadores artesanais, praieiros, quilombolas, sertanejos/vaqueiros, varjeiros (ribeirinhos não amazônicos) e indígenas. (Calegare; Higuchi; Bruno, 2014, p. 121, grifo do original)

Reconhecidos então pelo Estado brasileiro, esses grupos acabam por se erguer contra a colonização e a exploração de seus territórios promovidas por grandes mineradoras e pelo agronegócio, que buscam extrair minérios, petróleo e gás; plantar monoculturas de soja, pinus e eucalipto; e praticar pecuária para exportação. Assim, os povos e comunidades tradicionais erguem em sua luta a bandeira da terra e do território, lutando pela reprodução de seus modos de vida particulares (Montenegro Gómez, 2010). Nesse cenário, xetás, guaranis, caingangues, faxinalenses, quilombolas, benzedores e benzedeiras, pescadores artesanais, caiçaras, cipozeiras, religiosos de matriz africana e ilhéus, dentre outros grupos ainda não organizados, acabam por revelar toda a diversidade que vem sendo atacada por um modelo que busca a homogeneização dos territórios.

Little (2002) mostra que essa luta encontra, logo em seu início, a dificuldade de se entender a ideia de uma propriedade comum ou comunal das terras, uma vez que a lógica binária ocidental entende apenas a posse pública ou privada, algo que não condiz com o meio dos povos e comunidades tradicionais. Uma marca muito comum a esses povos é o uso diferenciado do solo, sua produção diferenciada do espaço.

Retornemos à convenção 169 da OIT (2005, p. 5), que em seu artigo 14 trata da propriedade fundiária:

**Artigo 14**
1. Dever-se-á reconhecer aos povos interessados os direitos de propriedade e de posse sobre as terras que tradicionalmente ocupam. Além disso, nos casos apropriados, deverão ser adotadas medidas para salvaguardar o direito dos povos interessados de utilizar terras que não estejam exclusivamente ocupadas por eles, mas às quais, tradicionalmente, tenham tido acesso para suas atividades tradicionais e de subsistência. Nesse particular, deverá ser dada especial atenção à

situação dos povos nômades e dos agricultores itinerantes.

2. Os governos deverão adotar as medidas que sejam necessárias para determinar as terras que os povos interessados ocupam tradicionalmente e garantir a proteção efetiva dos seus direitos de propriedade e posse.

3. Deverão ser instituídos procedimentos adequados no âmbito do sistema jurídico nacional para solucionar as reivindicações de terras formuladas pelos povos interessados.

A realidade e a prática fundiária dos povos e comunidades tradicionais são muitas vezes diferentes daquelas encontradas normalmente no universo agrário, seja do camponês, seja do agronegócio. Para esses povos, nem sempre existe a ideia de um uso **individual** da propriedade. O que podemos encontrar, dentre outros modelos, é o uso **comum** da terra.

Campos (1991) afirma que o uso comum é um modo de vida e de uso da terra que já foi mais amplo e dominante no Brasil. O autor destaca, contudo, que a propriedade privada da terra legalmente definida – como vimos anteriormente com a Lei de Terras, de 1850 – vem desarticulando essa prática, que até hoje sofre com o avanço do uso individual da terra.

É importante dizer que Campos (1991) discorda da colocação de Engels, que entendia que o uso comum advinha de um excesso de solo, e que essa sobra não atraía o privado. Campos (1991) afirma que o uso comum é uma construção social e jurídica, fruto de tradição romana e germânica, que no Brasil funcionou e funciona de modo semelhante ao dos países ibéricos.

O uso comum estaria, para Campos (2011), ancorado no ideal jurídico germânico do *ager publicus* (terra pública) como suplemento da propriedade[ii] individual. Ou seja: existe a premissa de que existe uma propriedade ou posse individual (ou familiar) da terra, e que o *ager publicus* é um complemento a ela. Esse entendimento difere do *ager publicus* romano, que viria a ser um bem do Estado, paralelo à propriedade individual. Em outras palavras, a terra pública germânica, que é o modelo seguido por Espanha e Portugal, é uma terra do povo, enquanto a terra pública romana é uma terra do Estado.

Cabe ressaltar um fato relevante apontado por Campos (1991): jamais podemos confundir o *ager publicus* com o *res nullius*, a "coisa de ninguém". O autor lembra que, se algo é "de ninguém", então ninguém irá cuidar disso; porém, se algo é de todos, todos irão cuidá-lo. Essa constatação é fundamental para o entendimento do uso comum da terra.

Para Campos (1991), indo ao encontro do que pensa Tavares (2008), a expropriação das terras camponesas de uso comum ocorreu a partir do surgimento e desenvolvimento do capitalismo. O autor se fundamenta em Marx para mostrar como o capitalismo se apropria da sociedade como um todo, modificando leis que antes garantiam o uso comum, passando as próprias leis a serem veículos de roubo das terras do povo (Campos, 1991).

Thompson (2005) retrata que o uso comum era costume para o pasto dos animais, coleta de lenha e frutas (ficando de fora a lavoura, estabelecida no seio da família camponesa). O uso comum serve, portanto, para o suplemento da família camponesa, do lar[iii] camponês, e não como pilar central da produção camponesa.

---

ii. Campos (1991) usa o conceito de propriedade individual, mas ao longo do texto pode ser entendido como posse individual, visto que não era válido o conceito de propriedade para as Coroas portuguesa e espanhola, como o próprio autor destaca.

iii. Em inglês, *household*.

Apesar de não ser um elemento central na produção camponesa, o uso comum é central para a reprodução da vida dos camponeses que têm no uso comum sua prática, sendo que grande parte deles acaba por se identificar como parte de povos e comunidades tradicionais – podemos citar os faxinalenses no Paraná, as comunidades fundo e fecho de pasto na Bahia, os geraizeiros em Minas Gerais etc.

Tavares (2008) demonstra a importância do uso comum, abordando o caso dos faxinalenses do Paraná. Para ele, a reprodução da autonomia dos faxinalenses só é possível graças a esse suplemento, o uso comum. Sem ele, não seria viável a permanência e a manutenção do modo de vida para esses camponeses.

Analisando o caso dos faxinalenses, Tavares (2008) afirma que o uso comum da terra acontece de modo consuetudinário, ou seja, a partir dos costumes dos camponeses. A maioria dos faxinais mapeados tem os camponeses como proprietários das terras, contudo praticando o uso comum. Cabe destacar, então, que a propriedade da terra é um mero fator jurídico que garante aos camponeses sua permanência e reprodução do modo de vida familiar, não entrando no âmbito capitalista da propriedade da terra[iv].

Portanto, como defende Stavenhagen (1978), podem existir estruturas não capitalistas dentro do capital. É o caso desses camponeses autoidentificados como povos e comunidades tradicionais que fazem do uso comum da terra sua característica complementar, em conjunto com a centralidade da família, identidade e territorialidade.

---

iv. Pelo mapeamento elaborado por R. Souza (2009), pode-se constatar a presença de 227 faxinais no Estado do Paraná. Campos (2001) aponta a necessidade de um mapeamento mais amplo, que abranja os outros estados sulinos, além de porções do Uruguai, Argentina e do estado de São Paulo, para que se tenha uma verdadeira noção da presença de comunidades que se assemelham aos faxinais.

Cabe ressaltar que o uso comum não está livre de regras. Autores como Feeny et al. (2001) afirmam que os grupos que têm no uso comum sua característica de gestão fundiária criam sempre modelos de regulação para praticá-lo. Isso pode ser constatado nas comunidades faxinalenses, por exemplo, em seus acordos comunitários para a melhor gestão do espaço de uso comum (Olesko, 2013).

Um fator importante para os povos e comunidades tradicionais é sua identidade. Bertussi (2010) e R. Souza (2009), ao tratarem dos faxinalenses do Paraná, explicam como a luta diária pela manutenção de seu território e práticas de vida faz com que esses sujeitos construam uma identidade diferenciada.

O direito de assumir uma identidade própria é vital para a construção da luta desses sujeitos. A identidade, de acordo com Morais (2015), é construída a partir da memória, seja ela derivada de indivíduos, grupos, comunidades ou do Estado. Logo, a identidade se constrói a partir da memória e da construção do território, em uma relação dialética, dentro da qual um ponto modifica o outro.

A identidade é um conceito amplo, muito trabalhado na historiografia e na sociologia. Como Montenegro Gómez (2010) conclui, a luta diária acaba por fomentar a construção de uma identidade forte e muito bem traçada, legitimada ainda pela Convenção da OIT.

Podemos assim construir um esquema para avaliar as centralidades da construção dos povos e comunidades tradicionais no Brasil:

» centralidade na manutenção da vida da família;
» a identidade;
» a terra e o território como elementos vitais;
» a diferenciação fundiária do uso e produção do espaço;
» a relação próxima com a natureza.

## 6.3 Terra e território

Já aprendemos que a urbanidade está imbricada no modo de produção capitalista, que traz junto de si padrões de vida e (re)produção individualizados que visam ao lucro. Esse raciocínio vai em sentido contrário ao que as comunidades do campo defendem como práticas de vida. O uso regulado e binário do solo, não segue a lógica camponesa, mas sim a lógica do capital.

Portanto, vemos o surgimento de novas lutas, as quais não se pautam mais somente na luta pela terra, mas sim na luta pelo território. Bartra Vergés (2011) constrói um amplo panorama sobre essa questão, apontando o caso mexicano dos zapatistas, que lutam por autonomia e por uma autogestão produtiva e de vida. Essa luta ocorre basicamente pela defesa de um território, entendido como sinônimo de autonomia perante o modo de produção capitalista. Até a luta zapatista, nos mostra Bartra (2011), a luta por terra e pelo acesso à terra vinha sendo negada e rechaçada pelo Estado. Contudo, essa mesma luta pode se transformar em uma disputa por acesso a meios de produção. Ou seja, o acesso à terra era, sim, necessário, mas para se manter nela é preciso que quem a recebeu siga todos os parâmetros impostos pelo capital e pelo Estado, perdendo sua cultura, sociabilidade e lógica próprias.

A seguir, podemos notar a força do movimento zapatista. A placa na imagem sinaliza a questão da autonomia presente e praticada pelos zapatistas, além de representar a ideia de que aquele lugar é um **território** (pois ali se exerce a autonomia), e não somente uma porção de terra, uma propriedade rural comum.

**Figura 6.3** – Placa do Exército Zapatista de Libertação Nacional destacando a autonomia de seu território

Daniel Aguilar/Reuters/Fotoarena

Com a diferenciação entre a terra entendida como meio de produzir e o território como meio de autonomia e autogestão, entra em cena o debate referente a uma luta por terra e por território. Terra seria o meio de produção, o lugar onde se fixa a família e se constrói a vida. Na figura anterior, vemos essa ideia posta em prática pelas comunidades zapatistas no sul do México. Tais comunidades pensam o território como seu espaço de (re)produção tanto social e econômica quanto cultural e ecológica.

Devemos ter em conta que a discussão levantada por Chayanov (1985), já na década de 1920, tratava a terra do campesinato como algo diferenciado da terra para o capitalista. Todavia, o conceito e a aplicação da ideia de território é, mais do que nunca, vital para a melhor compreensão do que ocorre atualmente, não só no Brasil, mas no restante do mundo.

É de suma importância que entendamos o significado de território. O espaço geográfico é um conceito anterior ao de território, como bem mostra Raffestin (1993). O primeiro provoca o segundo, pois a produção de um espaço se refere a sua territorialização. Considerando os camponeses como classe, vemos que a produção do espaço agrário é, portanto, a territorialização dos sujeitos do campo, sejam eles camponeses ou membros do agronegócio.

O conceito de território remete às origens da institucionalização da geografia (segunda metade do século XIX, como vimos no primeiro capítulo), especialmente na Alemanha, então recém-unificada. Lá, a consolidação do Estado requer a delimitação do território nacional, de um sentimento nacionalista, a concepção de expansionismo e um conhecimento aprofundado dos recursos naturais passíveis de ser explorados (Castro, 2005).

Mas, mesmo antes da própria geografia enquanto ciência, já existia uma construção teórica acerca do território. A ideia da *territorialização* teve início ainda no Império Romano, quando já estava presente a concepção de território advinda do mundo grego – pela simbiose do mundo rural e urbano presente nas cidades helênicas, como apresenta Raffestin (2009, p. 19-20).

Segundo Raffestin, ainda, o conceito de território se oficializa em Roma, com um cunho administrativo, e com o passar dos séculos vai se separando do *espaço* e da *paisagem*. Isso fica claro pela citação que ele faz a outro autor italiano: "A paisagem, portanto, apresentada como imagem territorial, é construída, cotidianamente, pelos homens, sem que estes, com sua atuação concreta, estejam distantes do signo mais ou menos positivo que imprimem" (Natarelli, citado por Raffestin, 2009, p. 23).

Raffestin (2009) comenta que Natarelli equivocou-se quando disse que os homens constroem cotidianamente a paisagem, pois, na realidade, é o território que é constituído no cotidiano, podendo se tornar paisagem. Ou seja: de uma categoria administrativa romana, o território passa a ser um processo que compõe o dia a dia dos homens, os quais modificam o espaço por meio de sua força.

Como visto, o conceito de território passou – e passa – por uma transformação constante, tendo alcançado, com o passar dos séculos, o sentido atualmente proposto e debatido por meios acadêmicos.

O território de que tratamos deve ser entendido como pluridimensional (Saquet, 2007; 2009), sendo constituído de elementos da natureza, cultura, sociabilidade, economia, conflitos e relações econômicas que se delimitam por e a partir de relações de poder, como Souza (1995) nos ensina. A terra se transforma em território, pois ela é indissociável da própria concepção dos sujeitos sociais que nela produzem.

Os movimentos sociais e os Estados já se apropriam do conceito de território, entendendo que os territórios são, como Raffestin (1993) afirmava, produto de relações sociais exprimidas no espaço. Sendo assim, tornou-se *modus operandi* (tanto destes movimentos quanto de políticas públicas) utilizar o conceito de território, como podemos ver no Mapa 6.2.

**Mapa 6.2** - Mapa estatal que usa o conceito de território para elaboração de políticas públicas

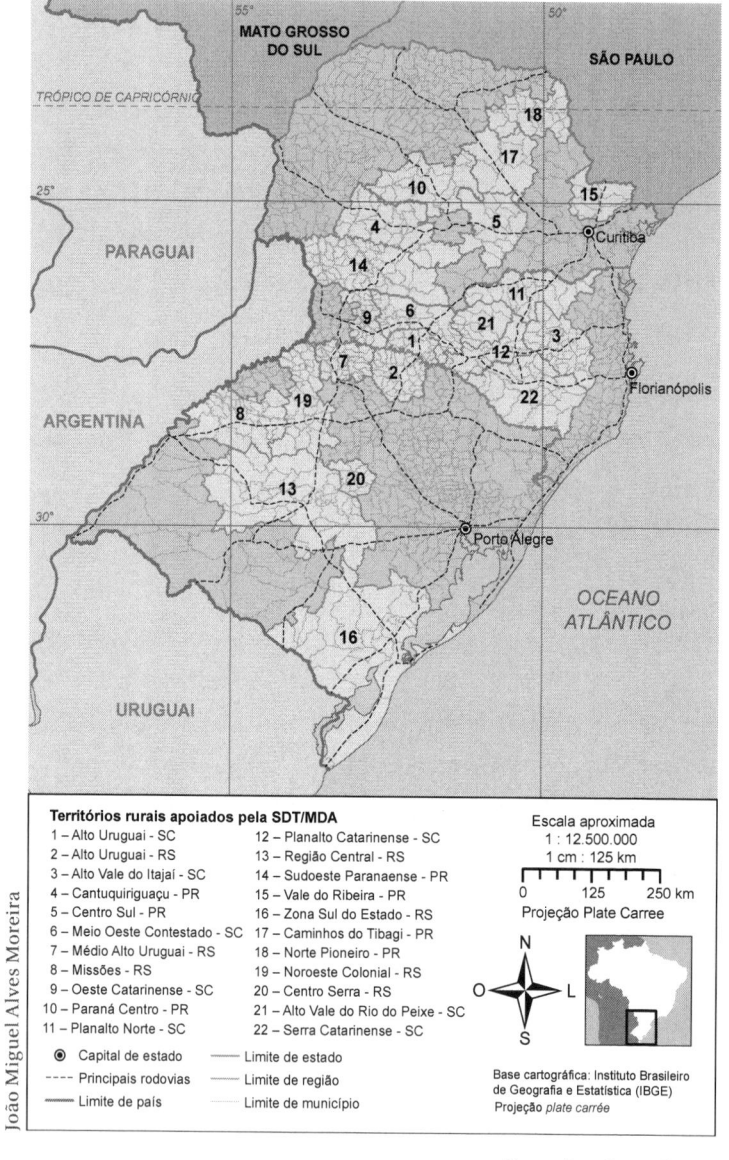

**Territórios rurais apoiados pela SDT/MDA**
1 – Alto Uruguai - SC
2 – Alto Uruguai - RS
3 – Alto Vale do Itajaí - SC
4 – Cantuquiriguaçu - PR
5 – Centro Sul - PR
6 – Meio Oeste Contestado - SC
7 – Médio Alto Uruguai - RS
8 – Missões - RS
9 – Oeste Catarinense - SC
10 – Paraná Centro - PR
11 – Planalto Norte - SC
12 – Planalto Catarinense - SC
13 – Região Central - RS
14 – Sudoeste Paranaense - PR
15 – Vale do Ribeira - PR
16 – Zona Sul do Estado - RS
17 – Caminhos do Tibagi - PR
18 – Norte Pioneiro - PR
19 – Noroeste Colonial - RS
20 – Centro Serra - RS
21 – Alto Vale do Rio do Peixe - SC
22 – Serra Catarinense - SC

● Capital de estado
---- Principais rodovias
—— Limite de país
—— Limite de estado
—— Limite de região
   Limite de município

Escala aproximada
1 : 12.500.000
1 cm : 125 km
0    125    250 km
Projeção Plate Carree

Base cartográfica: Instituto Brasileiro de Geografia e Estatística (IBGE)
Projeção *plate carrée*

Fonte: Brasil, 2007b, p. 7.

No que tange aos movimentos sociais (sejam eles no México, com os zapatistas, ou no Brasil, com os povos e comunidades tradicionais), o território é essencial por possibilitar, aos grupos que dele usufruem, exercer sua autonomia. Esses grupos podem, em uma porção do espaço, desenvolver suas relações por si mesmos, sem a imposição estatal – o que faz com a que a luta por território seja hoje a que mais ganha força, em detrimento da luta por terra.

## Síntese

Vimos, ao longo deste capítulo, três temas que crescem tanto em importância acadêmica quanto em força real. A agroecologia se torna, dia após dia, o mote de diversos movimentos sociais do campo. Seus questionamentos sobre o modelo de agricultura existente alcançam desde o aspecto econômico, passando pelo âmbito da saúde dos produtores e consumidores, até a revalorização de saberes tradicionais.

Os povos e comunidades tradicionais exercem sua força por meio de suas lutas e dos estudos que são elaborados sobre eles. Tais sujeitos conseguiram, inclusive, ter uma política pública voltada a seus interesses – o que mostra seu poder perante o Estado. Além da valorização de suas identidades, seguem com uma luta pela valorização de seus saberes e pela defesa de seus territórios de vida.

Aprendemos também sobre a luta por terra e território. Apesar de ainda existir, a luta por terra ganha o complemento da luta também por território, uma luta pela autonomia de se viver e produzir o espaço. Podemos elencar esses três temas de modo conjunto, pois eles estão inter-relacionados. É inegável a importância que há no território para o camponês agroecológico, bem como no resgate de saberes existente na luta por território.

## Atividades de autoavaliação

1. Existem diversos modelos de propriedade do solo. No Brasil, são reconhecidos legalmente o regime privado e o regime coletivo. Contudo, esses não são os únicos modelos de gestão da propriedade existentes. O que são os regimes de propriedade comum? Existe algum exemplo no Brasil?

   a) Os regimes de propriedade comum são o mesmo que a coletivização da terra. No Brasil, temos o exemplo dos fundos de pasto e dos quilombolas.

   b) Os regimes de propriedade comum são diferentes da coletivização da terra. Servem como complemento da propriedade individual ou como vontade de um grupo social em especial. Contudo, não temos no Brasil esse tipo de regime.

   c) Não há no Brasil, atualmente, regimes de propriedade comum, mas eles já foram validados no país quando existiam. Eram especialmente criações estatais para descanso das tropas de bois.

   d) Os regimes de propriedade comum são diferentes da coletivização da terra. Servem como complemento da propriedade individual ou como vontade de um grupo social em especial. No Brasil, temos os exemplos dos faxinais, fundos de pasto etc.

   e) Os regimes de propriedade comum estão presentes especialmente na Europa. No Brasil, não chegaram a ocorrer.

2. Entendemos os territórios como baseados na relação de poder. Sendo assim, alguns deles existem pela luta de classes, outros pela cultura, e ainda há outros na memória das pessoas. Como se fundamentam os territórios dos povos e comunidades tradicionais?

   a) Fundamentam-se na territorialidade e na identidade construídas socialmente por um grupo.
   b) São baseados na propriedade da terra.
   c) Fundamentam-se na identidade, que pode ser construída individualmente.
   d) Fundamentam-se em estudos antropológicos e nos laudos que os antropólogos podem fornecer.
   e) Estão fundamentados em documentos históricos de posse e uso da terra.

3. Os povos e comunidades tradicionais ganharam voz e reconhecimento principalmente na última década. Com essa voz, tais sujeitos conseguiram estabelecer demandas para o Estado e para a sociedade como um todo. Qual é a luta, ou seja, a motivação central dos povos e comunidades tradicionais?

   a) A luta por terra.
   b) A luta por reconhecimento.
   c) A luta por terra e território.
   d) A luta por políticas públicas e território.
   e) A luta por identidade.

4. As motivações da agroecologia vão muito além do que o senso comum nos mostra, contemplando desde um modo diferenciado de vida até um modelo contestatório. Contudo, ela tem uma importância que os pesquisadores veem como central. Qual é a importância da agroecologia?
   a) Ser uma opção ambientalmente melhor ao modelo produtivo existente.
   b) Ser uma alternativa econômica ao modelo produtivo existente.
   c) Ser uma alternativa a todo o modelo imposto na agricultura.
   d) Ser um modo de produção mais saudável e que gere mais lucros.
   e) Promover uma atualização e melhora da engenharia genética.

5. Vimos que a luta do campesinato, atualmente, vai além da terra, chegando ao território. Sabemos que isso tem um motivo específico, que não está presente quando se luta somente por terra, vista como mero meio de produção. Qual é esse elemento central da luta por território?
   a) A preservação ambiental.
   b) A autonomia.
   c) A propriedade.
   d) A legalidade das terras.
   e) A cultura própria.

# Atividades de aprendizagem

## Questões para reflexão

1. Vimos que a Convenção 169 da OIT é essencial para a discussão sobre os povos e comunidades tradicionais. Podemos fazer uma relação dessa Convenção com a luta por terra e território. Reflita e discorra sobre essa relação.

2. É possível que a agroecologia seja o principal modelo produtivo do Brasil? Justifique sua resposta.

## Atividades aplicadas: prática

Para compreender a urgência dos temas trabalhados neste capítulo, faça uma pesquisa na internet acerca de trabalhos acadêmicos referentes às áreas de agroecologia e povos e comunidades tradicionais, de forma a entender melhor a questão da luta por terra e território. Você poderá encontrar diversos enfoques e múltiplas metodologias, além de relatos e pesquisas das mais diversas realidades. Espera-se que essa pesquisa fomente a busca pelo novo e pelo conhecimento, tão necessária para a formação docente. Recomenda-se a busca nos *sites* dos periódicos a seguir:

<www.campoterritorio.ig.ufu.br>.
<www.revistas.usp.br/agraria>.

# Considerações finais

Ao longo da obra, buscamos abordar aspectos da geografia agrária de uma maneira dialética, ou seja, trabalhando na dualidade, trazendo elementos da realidade, da prática, e teorias científicas e filosóficas. Trazemos para a discussão uma gama consideravelmente grande de autores e fontes. Apesar de terem sido trabalhadas, tais fontes servem para o leitor se aprofundar nas temáticas, buscar a ampliação, construção e consolidação de seu conhecimento de modo autônomo.

Consideramos que os seis capítulos presentes nesse trabalho servem para o contato inicial com a área da geografia agrária. Esta obra não tem o objetivo de se constituir em dogma, em uma verdade absoluta, mas ser um material de crítica, de descobrimento do espaço agrário por parte do leitor, trazendo um apanhado fundado na práxis.

Sendo assim, ao tratarmos da teoria do conhecimento geográfico e das teorias existentes dentro da geografia agrária, focamos em dar ferramentas para o leitor poder compreender o restante da obra e ficar apto para analisar autonomamente as fontes trabalhadas, os focos analisados e as teorias utilizadas.

A formação do campo brasileiro, tema do Capítulo 2, segue a mesma linha de raciocínio: munir o leitor de material para seu entendimento do todo agrário aqui apresentado. Em um exercício histórico-geográfico, o capítulo analisou e apresentou como ocorreu e como ocorre ainda hoje a produção do espaço agrário brasileiro. Ao tratar da história da formação das fronteiras do Brasil e da questão de terras, a obra concentrou-se no ponto da questão agrária, o que acreditamos ser essencial na compreensão do campo nacional.

Os Capítulos 3 e 4 trabalham de modo dialético entre si. Primeiramente, apresentamos os sujeitos do campo e no capítulo seguinte trabalhamos com a maneira como esses sujeitos produzem no campo. Por isso, é tão cara a compreensão do Capítulo 1. Só se consegue construir um saber crítico e verdadeiramente autônomo, prático e bem embasado quando podemos interrelacionar os fatos. É preciso criar um pensamento relacional, que não fique fixo no específico, analisando os fatos por e a partir de um olhar escalar, ou seja, do micro ao macro.

De posse do modo de análise presente na geografia agrária, da compreensão sobre a formação do campo e suas contradições e problemáticas, do reconhecimento dos sujeitos que estão ali presentes e sabendo o que tais sujeitos produzem, partimos para o estudo das relações entre o campo e a cidade. O Capítulo 5 é, portanto, produto da construção feita nos quatro capítulos anteriores. É neste capítulo que, finalmente, fixamos o foco nessa relação escalar que entendemos ser fundamental ao professor de Geografia. Ocorre aqui uma quebra, um salto espacial: de análises feitas em um circuito aparentemente fechado (o espaço agrário), os exames passam a ser feitos na dialética campo-cidade. Independentemente de onde viva o leitor, aparece aqui a possibilidade de ele entender e relacionar sua realidade (a do campo ou da cidade) com outra prática.

Por fim, o Capítulo 6 almeja a compreensão final do leitor para o que se tentou mostrar ao longo de toda a obra: nossa análise se baseia no real, e o real não é estático, parado, fixo – o real é dinâmico, fluido, em constante movimento. Sendo assim, discutimos três temas que emergem nos últimos anos nos estudos da geografia agrária. Ressaltamos que esses estudos surgem não porque a ciência geográfica assim desejou, mas sim porque as realidades e práticas referentes a esses temas ganharam força e urgência nos últimos anos em nosso mundo.

Com isto posto, destacamos finalmente que nosso foco sempre foi entrecortado por e partir da luta de classes, da dialética, de uma análise multiescalar e das considerações de que a produção do espaço geográfico não é homogênea. Como citamos ao longo da obra, podemos concluir que a expansão geográfica do capital e, consequentemente, sob o modo de produção capitalista, a produção do espaço em si é feita de maneira irregular, disforme, contraditória, desigual e, ainda assim, combinada.

Existe uma necessidade de ampliação nos estudos do espaço agrário. Isso nos parece claro. Este livro, obviamente, não consegue abraçar todas as temáticas existentes. O ensino de Geografia ainda tem muito a avançar em temáticas que são marginalizadas, e um de nossos objetivos nesta obra foi propiciar esse avanço ao leitor.

# Referências

ABRAMOVAY, R. **Funções e medidas da ruralidade no desenvolvimento contemporâneo**. Rio de Janeiro: IPEA, 2000.

ABRAMOVAY, R. **Paradigmas do capitalismo agrário em questão**. São Paulo: Hucitec; Anpocs; Campinas: Ed. da Unicamp, 1992.

ALENTEJANO, P. R. R. As relações campo-cidade no Brasil do século XXI. **Terra Livre**, São Paulo, n. 21, p. 25-39, 2. sem. 2003.

ALMEIDA, A. W. B. de. Terras tradicionalmente ocupadas: processos de territorialização e movimentos sociais. **Revista Brasileira de Estudos Urbanos e Regionais**, Recife, v. 6, n. 1, p. 9-32, 2004.

ALMEIDA, R. A. **(Re)criação do campesinato, identidade e distinção**: a luta pela terra e o habitus de classe. São Paulo: Ed. da Unesp, 2006.

ALTIERI, M. **Agroecologia**: bases científicas para una agricultura sustentable. Montevideo: Nordan-Comunidad, 1999.

ALTIERI, M.; NICHOLLS, C. I. Bases agroecológicas para una agricultura sustentable. In: ALTIERI, M.; NICHOLLS, C. I. **Agroecología**: teoría y práctica para una agricultura sustentable. México: Pnuma, 2000, p. 11-66.

AMIN, S.; VERGOPOULOS, K. **A questão agrária e o capitalismo**. Tradução de Beatriz Resende. 2. ed. Rio de Janeiro: Paz e Terra, 1977.

AZEVEDO, F. F. de. Nota editorial. **Sociedade e Território**, Natal, v. 27. Edição Especial I – XXII Enga. p. 2-4, set. 2015.

BAGLI, P. Rural e urbano: harmonia e conflito na cadência da contradição. In: SPÓSITO, M. E. B.; WHITACKER, A. M. (Org.). **Cidade e campo**: relações e contradições entre urbano e rural. 2. ed. São Paulo: Expressão Popular, 2010, p. 81-110

BAGLI, P. **Rural e urbano nos municípios de Presidente Prudente, Álvares Machado e Mirante do Paranapanema**: dos mitos pretéritos às recentes transformações. 206 f. Dissertação (Mestrado em geografia) – Universidade Estadual Paulista, Presidente Prudente, 2006.

BALEEIRO, A.; LIMA SOBRINHO, B. **1946**. 3. ed. Brasília: Senado Federal; Subsecretaria de Edições Técnicas, 2012. (Coleção Constituições Brasileiras; v. 5).

BARTRA VERGÉS, A. **Os novos camponeses**: leituras a partir do México profundo. Tradução de Maria Angélica Pandolfi. São Paulo: Cultura Acadêmica; Cátedra Unesco de Educação do Campo e Desenvolvimento Rural, 2011.

BERNARDELLI, M. L. F. H. O caráter urbano das pequenas cidades da região canavieira de Catanduva – SP. In: SPÓSITO, M. E. B.; WHITACKER, A. M. (Org.). **Cidade e campo**: relações e contradições entre urbano e rural. 2. ed. São Paulo: Expressão Popular, 2010, p. 33-52

BERTUSSI, M. L. **Liberdade para criar**: um estudo etnográfico sobre os sentidos da territorialidade tradicional e o criadouro comunitário em uma comunidade de faxinal no Paraná. 138 f. Dissertação (Mestrado em Antropologia Social) – Universidade Federal do Rio Grande do Sul, Porto Alegre, 2010.

BLOCH, M. **A terra e seus homens**: agricultura e vida rural nos séculos XVII e XVIII. Tradução de Ilka Stern Cohen. Bauru: Edusc, 2001.

BOMBARDI, L. M. Agrotóxicos e agronegócio: arcaico e moderno se fundem no campo brasileiro. In: MERLINO, T.; MENDONÇA, M. L. (Org.). **Direitos Humanos no Brasil**. São Paulo: Rede Social de Justiça e Direitos Humanos, 2012.

BOMBARDI, L. M. Intoxicação e morte por agrotóxicos no Brasil: a nova versão do capitalismo oligopolizado. **Boletim Data Luta**, v. 45, p. 1-21, 2011.

BOMBARDI, L. M. **Pequeno ensaio cartográfico sobre o uso de agrotóxicos no Brasil**. São Paulo: Laboratório de geografia agrária – USP; Blurb, 2016.

BRASIL. **Censo agropecuário de 2006**. Brasília: IBGE – Instituto Brasileiro de geografia e Estatística, 2006. Disponível em: <http://biblioteca.ibge.gov.br/visualizacao/periodicos/51/agro_2006.pdf>. Acesso em: 13 jan. 2017.

BRASIL. Constituição (1824). Coleção das leis do Império do Brasil de 1824. Rio de Janeiro, 22 abr 1824.

BRASIL. Decreto n. 6.040, de 7 de fevereiro de 2007. **Diário Oficial da União**, Poder Executivo, Brasília, DF, 8 fev. 2007a. Disponível em: <http://www.planalto.gov.br/ccivil_03/_ato2007-2010/2007/decreto/d6040.htm>. Acesso em: 13 jan. 2017.

BRASIL. Lei n. 601, de 18 de setembro de 1850. **Coleção das Leis do Brasil**, Poder Executivo, Rio de Janeiro, 1850. Disponível em: <http://www.planalto.gov.

br/ccivil_03/LEIS/L0601-1850.htm>. Acesso em: 13 jan. 2017.

BRASIL. Lei n. 4504, de 30 de novembro de 1964. **Diário Oficial da União**, Poder Legislativo, Brasília, DF, 30 nov. 1964. Disponível em: <http://www.planalto.gov.br/ccivil_03/leis/L4504.htm>. Acesso em: 13 jan. 2017.

BRASIL. Ministério do Desenvolvimento Agrário. SIT – Sistema de Informações Territoriais. Caderno do estado: Paraná. 2007b. p. 7. Disponível em: <HYPERLINK "http://sit.mda.gov.br/caderno_estadual.php?ac=buscar&territorio=&regiao=&uf=PR"http://sit.mda.gov.br/caderno_estadual.php?ac=buscar&territorio=°iao=&uf=PR>. Acesso em: 3 abr. 2017.

BRASS, T. Latin American Peasants: New Paradigms for Old? **Journal of Peasant Studies**, Routledge, London, n. 29, p. 3-4, 2010.

BRASS, T. Moral Economists, Subalterns, New Social Movements, and the (Re-)Emergence of a (Post-)Modernized (Middle) Peasant. **Journal of Peasant Studies**, Routledge, London, v. 18, n. 2, 1991.

CALEGARE, M. G. A.; HIGUCHI, M. I. G.; BRUNO, A. C. S. Povos e comunidades tradicionais: das áreas protegidas à visibilidade política de grupos sociais portadores de identidade étnica e coletiva. **Ambiente & Sociedade**, São Paulo, v. 17, n. 3, p. 115-134, jul./set. 2014.

CAMPOS, N. J. **Terras comunais na ilha de Santa Catarina**. Florianópolis: Ed. da UFSC, 1991.

CAMPOS, N. J. **Terras de uso comum no Brasil**: abordagem histórico-socioespacial. Florianópolis: Ed. da UFSC, 2011.

CANUTO, A. Agronegócio: a modernização conservadora que gera exclusão pela produtividade. **Revista NERA**, Presidente Prudente, ano 7, n. 5, p. 1-12, jul./dez. 2004.

CAPEL, H. **Filosofía y ciencia en la geografía contemporánea**: una introducción a la geografía. Barcelona: Barcanova, 1981.

CAPORAL, F. R.; COSTABEBER, J. A. Desenvolvimento rural sustentável: perspectivas para uma nova extensão rural. **Agroecologia e Desenvolvimento Sustentável**, Porto Alegre, v. 1, n. 1, jan./mar. 2000.

CARDOSO, C. F. S. **Escravo ou camponês?** O protocampesinato negro nas Américas. São Paulo: Brasiliense, 2004.

CASTRO, I. E. de. **geografia e política**: território, escalas de ação e instituições. Rio de Janeiro: Bertrand Brasil, 2005.

CHAYANOV, A. **La organización de la unidad económica campesina**. Buenos Aires: Nueva Visión, 1985.

CHESNAIS, F. **A mundialização do capital**. Tradução de Silvana Finzi Foá. São Paulo: Xamã, 1996.

COSTA, F. de A. Chayanov e a especificidade camponesa. In: CARVALHO, H. M. de. (Org.). **Chayanov e o campesinato**. São Paulo: Expressão Popular, 2014, p. 89-216.

DIEGUES, A. C. S. **O mito moderno da natureza intocada**. 3.ed. São Paulo: Hucitec, 1996.

DIEGUES, A. C. S. Repensando e recriando as formas de apropriação comum dos espaços e recursos naturais. In: DIEGUES, A. C. S.; MOREIRA, A. C. C. (Org.). **Espaços e recursos naturais de uso comum**. São Paulo: Nupaub – Usp, 2001, p. 97-124.

DINIZ, J. A. F. et al. Subsídio ao estudo da história da geografia agrária brasileira. In: ENCONTRO NACIONAL DE geografia agrária, 10, 1990, Aracaju. **Anais...** Aracaju: Enga, 1987.

DOBROWOLSKI, K. La cultura campesina tradicional. In: SHANIN, T. **Campesinos y sociedades campesinas**. Ciudad Del México: El Trimestre Económico; Fondo de Cultura Económica, 1979, p. 249-267.

EDELMAN, M. **What is a Peasant? What are Peasantries? A Briefing Paper on Issues of Definition**. Prepared for the first session of the Intergovernmental Working Group on a United Nations Declaration on the Rights of Peasants and Other People Working in Rural Areas, Geneva, 15-19 July 2013. Disponível em: <http://www.ohchr.org/Documents/HRBodies/HRCouncil/WGPleasants/Edelman.pdf>. Acesso em: 13 jan. 2017.

ENDLICH, A. M. Perspectivas sobre o urbano e o rural. In: SPÓSITO, M. E. B.; WHITACKER, A. M. (Org.). **Cidade e** campo: relações e contradições entre urbano e rural. 2. ed. São Paulo: Expressão Popular, 2010, p. 11-32.

ESTUDO Unesp destaca valor da reforma agrária no desenvolvimento. **Portal Unesp**, 27 ago. 2014. Disponível em: <http://www.ippri.unesp.br/#!/noticia/216/estudo-unesp-destaca-valor-da-reforma-agraria-no-desenvolvimento/>. Acesso em: 3 abr. 2017.

ETGES, V. E. **Sujeição e resistência**: os camponeses gaúchos e a indústria do fumo. 246 f. Dissertação (Mestrado em geografia Humana) – Universidade de São Paulo, São Paulo,1989.

FEENY, D. et al. A tragédia dos comuns: vinte e dois anos depois. In: DIEGUES, A. C. S.; MOREIRA, A. C. C. (Org.). **Espaços e recursos naturais de uso comum**. São Paulo: Nupaub – Usp, 2001, p. 17-42

FERNANDES, B. M. Agricultura camponesa e/ou agricultura familiar. In: ENCONTRO NACIONAL DE GEOGRAFIA, 12., 2002, João Pessoa. **Anais...** João Pessoa: AGB, 2002. Disponível em: <http://www.geografia.fflch.usp.br/graduacao/apoio/Apoio/Apoio_Valeria/flg0563/2s2012/FERNANDES.pdf>. Acesso em: 22 mar. 2017.

FERNANDES, B. M. Movimentos socioterritoriais e movimentos socioespaciais: contribuição teórica para uma leitura geográfica dos movimentos sociais. **Observatório Social de América Latina**, Buenos Aires, ano 6, n. 16, jun. 2005

FERNANDES, F. **A revolução burguesa no Brasil**. Rio de Janeiro: Zahar, 1976.

FLICKR. Disponível em: <https://www.flickr.com/photos/gaelx/631057203/sizes/o/>. Acesso em: 13 jan. 2017.

FOUCAULT, M. **Em defesa da sociedade**: curso no Collège de France. Tradução de Maria Ermantina Galvão. São Paulo: M. Fontes, 2000.

GERARDI, L. H. de O.; SALAMONI, G. Para entender o campesinato: a contribuição da A. V. Chayanov. In: CARVALHO, H. M. de. (Org.). **Chayanov e o campesinato**. São Paulo: Expressão Popular, 2014, p. 163-178.

GIRARDI, E. P. **Proposição teórico-metodológica de uma cartografia geográfica crítica e sua aplicação no desenvolvimento do atlas da questão agrária brasileira**. 347 f. Tese (Doutorado em geografia) – Universidade Estadual Paulista, Presidente Prudente, 2008.

GLIESSMAN, S. R. **Agroecologia**: processos ecológicos em agricultura sustentável. 4. ed. Porto Alegre: Ed. da UFRGS, 2008.

GODOY, P. R. T. A produção do espaço: uma reaproximação conceitual da perspectiva lefebvriana. **GEOUSP** – Espaço e Tempo, São Paulo, n. 23, p. 125-132, 2008.

GODOY, P. R. T. Uma reflexão sobre a produção do espaço. **Estudos Geográficos**, Rio Claro, v. 2, p. 29-41, jun. 2004.

GOES FILHO, S. S. **Navegantes, bandeirantes, diplomatas**: um ensaio sobre a formação das fronteiras do Brasil. São Paulo: M. Fontes, 2001.

GOMES, F. dos S. **Mocambos e quilombos**: uma história do

campesinato negro no Brasil. São Paulo: Claro Enigma, 2015.

GUZMAN, E. S. De la sociología rural e la agroecología. **Perspectivas Agroecológicas**, Barcelona, v. 1, 2006, p. 198-208.

HARVEY, D. **A produção capitalista do espaço**. São Paulo: Annablume, 2005.

IANNI, O. **Origens agrárias do estado brasileiro**. São Paulo: Brasiliense, 1984.

KURZ, R. **O colapso da modernização**: da derrocada do socialismo de caserna à crise da economia mundial. 3. ed. Rio de Janeiro: Paz e Terra, 1993.

LAMARCHE, H. (Coord.). **A agricultura familiar**: uma realidade multiforme. Campinas: Ed. da Unicamp, 1993.

LEFEBVRE, H. **A re-produção das relações de produção**. Tradução de Antonio Ribeiro e M. do Amaral. Porto (Portugal): Publicações Escorpião, 1973. (Cadernos O Homem e a Sociedade).

LEFEBVRE, H. **A revolução urbana**. Tradução de Sérgio Martins. Belo Horizonte: Ed. UFMG, 1999.

LEFEBVRE, H. **De lo rural a lo urbano**. Tradução de Mario Gaviria. Barcelona: Ediciones Península, 1971.

LEFEBVRE, H. **O direito à cidade**. Tradução de Rubens Eduardo Frias. São Paulo: Moraes, 1991.

LIMA, O. Descobrimento do Brasil. In: ASSOCIAÇÃO DO QUARTO CENTENARIO DO DESCOBRIMENTO DO BRASIL. **Livro do Centenário (1500-1900)**. Rio de Janeiro: Imprensa Nacional, 1902. v. 3, p. 3-55.

LIMA, R. C. **Pequena história territorial do Brasil**: sesmarias e terras devolutas. 2. ed. Porto Alegre: Livraria Sulina, 1954.

LITTLE, P. E. **Territórios sociais e povos tradicionais no Brasil**: por uma antropologia da territorialidade. Brasília: Departamento de Antropologia, 2002. (Série Antropologia, n. 322).

LOEG, J. D. van der. **Camponeses e impérios alimentares**: lutas por autonomia e sustentabilidade na era da globalização. Tradução de Rita Pereira. Porto Alegre: UFRGS, 2008.

LUXEMBURGO, R. **A acumulação do capital**: contribuição ao estudo econômico do imperialismo. São Paulo: Nova Cultural, 1985.

MARQUES, M. I. M. A atualidade do uso do conceito de camponês. **Revista NERA**, Presidente Prudente, ano 11, n. 12, p. 57-67, jan./jun. 2008.

MARQUES, M. I. M. Entre o campo e a cidade: formação e reprodução social da classe trabalhadora brasileira. **Agrária**, São Paulo, n. 5, p. 170-185, 2006a.

Disponível em: <file:///C:/Users/72000038/Downloads/MARQUES+-+Campo+e+cidade.pdf>. Acesso em: 3 abr. 2017.

MARQUES, M. I. M. O conceito de espaço rural em questão. **Terra Livre**, São Paulo, ano 18, n. 19, p. 95-112, jul./dez. 2002.

MARQUES, M. I. M. Relação Estado e MST: algumas fases e faces. **Lutas & Resistências**, v. 1, p. 184-196, 2006b.

MARTINS, J. de S. **O cativeiro da terra**. 9. ed. São Paulo, Contexto, 2015.

MARTINS, J. de S. **Os camponeses e a política no Brasil**. Petrópolis: Vozes, 1981.

MARTINS, J. de S. Reforma agrária: o impossível diálogo sobre a história possível. **Tempo Social**, São Paulo, v. 11, n. 2, p. 97-128, out. 1999.

MENDRAS, H. **Sociedades camponesas**. Rio de Janeiro: Zahar Editores, 1978. (Biblioteca de Ciências Sociais).

MÉSZÁROS, I. **A crise estrutural do capital**. São Paulo: Boitempo, 2009.

MONTENEGRO GÓMEZ, J. R. Conflitos pela terra e pelo território: ampliando o debate sobre a questão agrária na América Latina. In: SAQUET, M. A.; SANTOS, R. A. dos. (Org.). **geografia agrária, território e desenvolvimento**. São Paulo: Expressão Popular, 2010, p. 13-34.

MOREIRA, R. Correndo atrás do prejuízo: o problema do paradigma geográfico da geografia. **Revista da ANPEGE**, v. 7, n. 1, número especial, p. 49-58, out. 2011.

MOREIRA, R. **Formação espacial brasileira**: contribuição crítica aos fundamentos espaciais da geografia do Brasil. 2. ed. Rio de Janeiro: Consequência, 2014.

MOURA, M. M. **Camponeses**. São Paulo: Ática, 1986.

NEGRI, T. El monstruo político: vida desnuda y potencia. In: RODRIGUEZ, F; GIORGI, G. (Comp.). **Ensayos sobre biopolítica**: excesos de vida – Michel Foucault; Gilles Deleuze; Slavoj Zizek. Buenos Aires: Paidós, 2007 p. 3-140.

NELSON, L. Rural Sociology: its Origins and Growth in the United States. Minneapolis: University of Minnesota Pres., 1969.

OIT – Organização Internacional do Trabalho. **Convenção n. 169 sobre povos indígenas e tribais em países independentes e Resolução referente à ação da OIT sobre povos indígenas e tribais**. 2. ed. Brasília: OIT, 2005.

OLESKO, G. F. **Terra, território e autonomia nas comunidades faxinalenses do Espigão das Antas, Meleiro e Pedra Preta**

(Mandirituba-PR): conflitos e resistências na luta pela vida. 182 f. Dissertação (Mestrado em geografia) – Universidade Federal do Paraná, Curitiba, 2013.

OLIVEIRA, A. U. de. A geografia agrária e as transformações territoriais recentes no campo brasileiro. In: CARLOS, A. F. A. (Org.). **Novos caminhos da geografia**. São Paulo: Contexto, 1999, p. 63-107.

OLIVEIRA, A. U. de. **A geografia das lutas no campo**. 6. ed. São Paulo: Contexto, 1996.

OLIVEIRA, A. U. de. A longa marcha do campesinato brasileiro: movimentos sociais, conflitos e reforma agrária. **Estudos Avançados**, São Paulo, v. 15, n. 43, p. 185-206, set./dez. 2001.

OLIVEIRA, A. U. de. A mundialização da agricultura brasileira. In: COLÓQUIO INTERNACIONAL DE GEOCRÍTICA, 12., 2012, Bogotá. **Actas do XII Colóquio**. Barcelona: Geocrítica, 2012.

OLIVEIRA, A. U. de. **Agricultura e Indústria no Brasil**. Boletim Paulista de geografia, n. 58, AGB, São Paulo, 1981.

OLIVEIRA, A. U. de. Geografia agrária: perspectivas no início do século XXI. In: OLIVEIRA, A. U. de.; MARQUES, M. I. M. (Org.). **O campo no século XXI**. São Paulo: Paz e Terra; Casa Amarela, 2004, p. 29-70.

OLIVEIRA, A. U. de. **Modo de produção capitalista, agricultura e reforma agrária**. 2 ed. São Paulo: Ática, 1987.

OLIVEIRA, A. U. de. **Modo de produção capitalista, agricultura e reforma agrária**. São Paulo: FFLCH; Labur Edições, 2007.

OLIVEIRA, A. U. de. O campo brasileiro no final dos anos 80. In: STÉDILE, J. P. (Org.). **A questão agrária hoje**. 2. ed. Porto Alegre: Ed. da UFRGS, 1994.

OLIVEIRA, A. U. de. O século XXI e os conflitos no campo: modernidade e barbárie. In: COMISSÃO PASTORAL DA TERRA. **Conflitos no campo Brasil 2001**. São Paulo: Loyola, 2002, p. 26-29.

OLIVEIRA, A. U. de; FARIA, C. S. O processo de constituição da propriedade privada da terra no Brasil. In: ENCUENTRO DE GEÓGRAFOS DE AMÉRICA LATINA: Caminando en una América Latina en Transformación, 12., 2009, Montevideo. **Anais...** Montevideo: Universidad de La República, 2009.

OLIVEIRA NETO, A. F. de. A incorporação do modo de vida urbano na região de fronteira do sul do território mato-grossense no início do séc. XX. In: SPÓSITO, M. E. B.; WHITACKER, A. M. (Org.). **Cidade e campo**: relações e contradições entre urbano e rural. 2. ed. São

Paulo: Expressão Popular, 2010, p. 205-216.

PAULINO, E. T. **Por uma geografia dos camponeses**. 2. ed. Presidente Prudente: Ed. Unesp, 2012.

PLOEG, J. D. van der. **Sete teses sobre agricultura camponesa**. In: PETERSEN, P. (org.). Agricultura familiar camponesa na construção do futuro. Rio de Janeiro: AS-PTA, 2009, p. 17-32.

PORTO-GONÇALVES, C. W. A reinvenção dos territórios: a experiência latino-americana e caribenha. In: CECEÑA, A. E. (Org.). **Los desafíos de las emancipaciones en un contexto militarizado**. Buenos Aires: Clacso, 2006, p. 151-197.

PORTO-GONÇALVES, C. W.; ALENTEJANO, P. geografia agrária da crise dos alimentos no Brasil. In: ENCONTRO LATINO AMERICANO, São Paulo, 2008. Disponível em: <http://www.geografia.fflch.usp.br/graduacao/apoio/Apoio/Apoio_Valeria/flg0563/2s2012/Porto-Gon%C3%A1alves_e_Alentejano_producao_alimentar.pdf>. Acesso em: 13 jan. 2017.

PORTUGAL. Lei de 26 de junho de 1375. Biblioteca Medicina Anima: Estudos Bandeirantes, jul. 2009. Disponível em: <https://arisp.files.wordpress.com/2009/07/lei_de_26-06-1375_sesmaria.pdf>. Acesso em: 1º abr. 2017.

PRADO JR., C. **A questão agrária**. 4. ed. São Paulo: Brasiliense, 1979.

PRADO JR., C. **Formação do Brasil contemporâneo**. São Paulo: Brasiliense, 1973.

RAFFESTIN, C. A produção das estruturas territoriais e sua representação. In: SAQUET, M. A.; SPOSITO, E. S. (Org.). **Territórios e territorialidades**: teorias, processos e conflitos. São Paulo: Expressão Popular, 2009, p. 13-24.

RAFFESTIN, C. **Por uma geografia do poder**. São Paulo: Ática,1993.

SANTOS, M. **A natureza do espaço**: técnica e tempo, razão e emoção. São Paulo: Hucitec, 1996.

SANTOS, R. M. Soberania alimentar e a produção camponesa como negação da fome na velha/nova ordem do capital. In: SIMPÓSIO BAIANO DE geografia, 1.; SEMANA DE geografia DA UESB: o campo baiano na relação estado, capital, trabalho – espaço de contradições, espaço de lutas, 11., 2013, Vitória da Conquista. **Anais...** Vitória da Conquista: UFBA, 2013.

SAQUET, M. A. **Abordagens e concepções de território**. São Paulo: Expressão Popular, 2007.

SAQUET, M. A. Por uma abordagem territorial. In: SAQUET,

M. A.; SPOSITO, E. S. (Org.). **Territórios e territorialidades**: teorias, processos e conflitos. São Paulo: Expressão Popular, 2009, p. 73-94.

SAUER, S. **Agricultura familiar versus agronegócio**: a dinâmica sociopolítica do campo brasileiro. Brasília: Embrapa, 2009.

SAUER, S. Mercado de terras: estrangeirização, disputas territoriais e ações governamentais no Brasil. In: SAQUET, M.; SUZUKI, J.; MARAFON, G. (Org.). **Territorialidades e diversidade nos campos e nas cidades latino-americanas e francesas**. São Paulo: Outras Expressões, 2011, p. 227-246.

SAUER, S. **Terra e modernidade**: a reinvenção do campo brasileiro. São Paulo, Expressão Popular, 2010.

SHANIN, T. **A definição de camponês**: conceituações e desconceituações – o velho e o novo em uma discussão marxista. Estudos Cebrap, Petrópolis, n. 26, p. 43-79, 1980.

SHANIN, T. **La clase incómoda**: sociología política del campesinado en una sociedad en desarrollo (Rusia 1910-1925). Madrid: Alianza Editorial, 1983.

SHUMWAY, N. **A invenção da Argentina**: história de uma idéia. Tradução de Sérgio Bath e Mário Higa. São Paulo: Edusp; Brasília: Ed. da UnB, 2008.

SMITH, N. **Desenvolvimento desigual**: natureza, capital e a produção do espaço. Tradução de Eduardo de Almeida Navarro. Rio de Janeiro: Bertrand Brasil, 1988.

SOBARZO, O. O urbano e o rural em Henri Lefebvre. In: SPÓSITO, M. E. B.; WHITACKER, A. M. (Org.). **Cidade e campo**: relações e contradições entre urbano e rural. 2. ed. São Paulo: Expressão Popular, 2010, p. 53-64.

SOJA, E. **Thirdspace**: Journeys to Los Angeles and Other Real-and-Imagined Places. Oxford: Blackwell, 1996.

SOUZA, M. J. L. de. O território: sobre espaço e poder, autonomia e desenvolvimento. In: CASTRO, I.; GOMES, P. C.; CORREA, R. L. (Org.). **geografia**: conceitos e temas. Rio de Janeiro: Bertrand Brasil, 1995, p. 140-164.

SOUZA, M. J. L. de. "Território" da divergência (e da confusão): em torno das imprecisas fronteiras de um conceito fundamental. In: SAQUET, M. A.; SPOSITO, E. S. (Org.). **Territórios e territorialidades**: teorias, processos e conflitos. São Paulo: Expressão Popular, 2009, p. 57-72.

SOUZA, R. M. Mapeamento social dos faxinais no Paraná. In: ALMEIDA, A. W. B.; SOUZA, R. M. (Org.). **Terras de faxinais**. Manaus: UEA, 2009, p. 29-88.

STAVENHAGEN, R. Capitalism and the Peasantry in Mexico. **Latin American Perspectives**, v. 5, n. 3, Summer, 1978.

STÉDILE, J. P. **A questão agrária no Brasil**: o debate tradicional – 1500-1960. São Paulo: Expressão Popular, 2005.

TAVARES, L. A. **Campesinato e os faxinais do Paraná**: terras de uso comum. 751 f. Tese (Doutorado em geografia Humana) – Universidade de São Paulo, São Paulo, 2008.

THEIS, I. M. Do desenvolvimento desigual e combinado ao desenvolvimento geográfico desigual. **Novos Cadernos NAEA**, v. 12, n. 2, p. 241-252, dez. 2009.

THOMPSON, E. P. **As peculiaridades dos ingleses e outros ensaios**. Campinas, SP: Ed. da Unicamp, 2012.

THOMPSON, E. P. **Costumes em comum**: estudos sobre cultura popular tradicional. São Paulo: Companhia das Letras, 2005.

THOMPSON, E. P. **Senhores e caçadores**. Tradução de Denise Bottman. Rio de Janeiro: Paz e Terra, 1987.

THOMPSON, E. P. **Tradición, revuelta y consciencia de clase**: estudios sobre la crisis de la sociedad preindustrial. Barcelona: Crítica, 1979.

URQUIZA, L. U. P. de. **Caminhando sobre uma cova comum**: memória da mensagem do monge João Maria na romaria da terra em Santa Catarina. Monografia (Bacharelado e Licenciatura em História) – Universidade Federal do Paraná, 2015, p. 109.

VEIGA, J. E. **Cidades imaginárias**: o Brasil é menos urbano do que se calcula. 2. ed. Campinas: Autores Associados, 2002.

VEIGA, J. E. **O desenvolvimento agrícola**: uma visão histórica. São Paulo: Hucitec, 1991.

WANDERLEY, M. N. B. Agricultura familiar e campesinato: rupturas e continuidade. **Estudos Sociedade e Agricultura**, Rio de Janeiro, v. 21, 2003, p. 42-61.

WANDERLEY, M. N. B. Em busca da modernidade social: uma homenagem a Alexander V. Chayanov. In: CARVALHO, H. M. de. (Org.). **Chayanov e o campesinato**. São Paulo: Expressão Popular, 2014, p. 141-162.

WANDERLEY, M. N. B. Raízes históricas do campesinato brasileiro. Anais do XX Encontro Anual da ANPOCS. **GT 17: Processos sociais agrários**. Caxambu, MG, Outubro de 1996.

WANDERLEY, M. N. B. Raízes históricas do campesinato brasileiro. In: TEDESCO, J. C. (Org.). **Agricultura familiar**: realidade e perspectivas. Passo Fundo: Ed. UFP, 1999, p. 23-56.

WOLF, E. **Guerras camponesas do século XX**. Tradução de Iolanda Toledo. São Paulo: Global, 1984.

WOORTMANN, E. F.; WOORTMANN, K. **O trabalho da terra**: a lógica e a Simbólica da lavoura camponesa. Brasília: Ed. da UnB, 1997.

WOORTMANN, K. Com parente não se neguceia: o campesinato como ordem moral. **Anuário Antropológico**, Brasília, n. 87, 1987. Disponível em: <http://www.dan.unb.br/images/pdf/anuario_antropologico/Separatas1987/anuario87_woortmann.pdf>. Acesso em: 13 jan. 2017.

ZIZEK, S. Multiculturalismo o la lógica cultural del capitalismo multinacional. In: JAMESON, F.; ZIZEK, S. **Estudios culturales**: reflexiones sobre el multiculturalismo. Buenos Aires: Paidós, 1998, p. 137-188.

# Bibliografia comentada

Neste momento, trazemos para o leitor obras que ampliam o debate realizado ao longo do livro. Dividimos em duas obras por capítulo. São obras que abordam de modo mais profundo o que foi discutido, servindo de referencial futuro para a construção de um conhecimento autônomo por parte do leitor.

MORAES, A. C. R. **A gênese da geografia moderna.** São Paulo: Hucitec; Edusp, 1989.

Elaborado pelo já falecido e renomado professor da Universidade de São Paulo (USP), o Prof. Dr. Antonio Carlos Robert de Moraes, o livro traz um panorama geral, porém profundo da ciência geográfica em seu nascimento. Assim como na obra de Horácio Capel, que utilizamos na elaboração deste livro, Moraes constrói com muita destreza e didática o início da geografia enquanto ciência institucionalizada na Alemanha dos fins do século XIX, focando na geografia de Humboldt e de Ritter. Para o leitor que se interessou pelas discussões presentes na primeira metade do Capítulo 1, este livro pode sanar dúvidas e ampliar o conhecimento.

OLIVEIRA, A. U. de; MARQUES, M. I. M. (Org.). **O campo no século XXI.** Território de vida, de luta e de construção da Justiça Social. São Paulo: Casa Amarela; Paz e Terra, 2004.

Organizado pelos professores da USP Ariovaldo U. de Oliveira e Marta Inez M. Marques, ambos doutores e respeitabilíssimos na área de geografia agrária, o livro traz diversos artigos de pensadores do agrário para o leitor. A obra serve de fonte, não só para o leitor conhecer ainda mais a geografia agrária na atualidade, mas para a ampliação do conhecimento de modo geral na temática dos estudos agrários na geografia.

FURTADO, C. **Formação econômica do Brasil**. 22 ed. São Paulo: Nacional, 1987.

PRADO JR, C. **Formação do Brasil contemporâneo**. São Paulo: Brasiliense, 1961.

Ambas as obras são seminais para se entender o Brasil. São livros considerados clássicos nos estudos da história brasileira. Furtado dá maior ênfase à economia, buscando entender a relação do padrão econômico brasileiro no século XX com o desenvolvimento ao longo da história do país. Já Prado Jr. traz elementos tanto econômicos quanto históricos, mas também geográficos para a análise da formação do Brasil como um todo, indo às diversas esferas que constituem o país, ou seja, o econômico, o populacional, o social. O autor traz uma visão única sobre o país.

ALMEIDA, R. A. **(Re)criação do campesinato, identidade e distinção**: a luta pela terra e o habitus de classe. São Paulo: Ed. da Unesp, 2006.

A obra é fruto da tese de doutorado da Prof. Drª Rosemeire A. Almeida, professora da Universidade Federal da Grande Dourados (MS). A autora destrincha o debate do campesinato enquanto classe social do capitalismo e faz, com a leitura do filósofo francês Pierre Bourdieu, um enfoque no que é essa classe camponesa.

SHANIN, T. A definição de camponês: conceituações e desconceituações – o velho e o novo em uma discussão marxista. **Revista Nera**, ano 8, n. 7, p. 1-21, jul./dez. 2005.

Shanin discute diversas questões acerca do campesinato, discorrendo sobre classe social, cultura, economia etc., dialogando também com autores que debateram o tema do camponês.

BARTRA VERGÉS, A. **Os novos camponeses**. Leituras a partir do México profundo. São Paulo: Cultura Acadêmica; Cátedra Unesco de Educação do Campo e Desenvolvimento Sustentável, 2011.

MARTINS, J. de S. Os camponeses e a política no Brasil. São Paulo: Vozes, 1981.

As obras do Prof. Dr. José de Souza Martins, já aposentado da USP, e do Prof. Dr. Armando Bartra Vergés, da Universidad Autónoma Metropolitana, México, fazem uma discussão que pode ser muito fecunda ao leitor. O primeiro traz o papel e a história dos camponeses na política brasileira, apresentando e analisando os conflitos existentes, seus antagonistas (o agronegócio, o latifundiário, o Estado etc.), enquanto o segundo traz um panorama diverso, trazendo desde experiências mexicanas até globais, buscando entender as modificações nos sujeitos do campo, não só do campesinato, mas também dos proprietários de terra, do Estado etc.

HARVEY, David. **A produção capitalista do espaço**. São Paulo: Annablume, 2005.

SPOSITO, M. E. B; WHITACKER, A. M. (Org.). **Cidade e campo:** relações e contradições entre urbano e rural. 2. ed. São Paulo: Expressão Popular, 2010.

Para o quinto capítulo, recomendamos como leitura complementar o livro do geógrafo inglês David Harvey, o qual esmiúça a questão da expansão capitalista no espaço geográfico. Tal foco auxilia o leitor a compreender melhor e aprofundar seus conhecimentos no tocante à invasão do rural pela urbanidade. O segundo livro é uma coleção de artigos que trata de diversos temas, porém todos ancorados na relação entre o campo e a cidade.

LITTLE, P. E. Territórios sociais e povos tradicionais no Brasil: por uma antropologia da territorialidade. In: OLIVEIRA, R. C. et al. **Anuário antropológico 2002-2003**. Rio de Janeiro: Tempo Brasileiro, 2004. p. 251-290.

GUZMÁN, E. S. Uma estratégia de sustentabilidade a partir da agroecologia. **Agroecologia e Desenvolvimento Rural Sustentável**, Porto Alegre, v. 2, n.1, p. 35-45, jan./mar.2001.

Por fim, para complementar o que foi trabalhado no Capítulo 6, destacamos dois trabalhos. O primeiro traça as origens do conceito de povos e comunidades tradicionais, além de trabalhar com a questão do território, fazendo, assim, uma ponte entre a antropologia e a geografia. O segundo é trabalho do renomado pesquisador espanhol em agroecologia, que busca comparar e mostrar como a agroecologia pode servir para o melhoramento tanto da sociedade quanto do meio ambiente.

# Respostas

## Capítulo I

### Atividades de autoavaliação

1. b
2. e
3. b
4. b
5. e
6. c

### Atividades de aprendizagem

#### Questões para reflexão

1. Os marxistas lidam com tal dualidade devido ao método, que trabalha sempre por e com base nas dualidades, das contradições. Vimos três vertentes do marxismo que existem na geografia agrária a partir da geografia crítica, e elas estão embasadas em três autores: Karl Kautsky, Vladimir Lenin e Rosa Luxemburgo. Os dois primeiros entendem que há um conflito permanente por meio da disputa entre capital e trabalho, entre a classe burguesa e a classe trabalhadora. Já Luxemburgo vê que o conflito não é dual, mas sim, uma tríade, entre capital, trabalho e terra.

2. Podemos considerar o embate entre o idealismo e o marxismo, para melhor expor as diferenças. Enquanto o primeiro método parte do ideal para buscar entender a realidade, o segundo parte da materialidade, do real, para construir um entendimento da própria realidade, e só então são construídos os conceitos.

3. A institucionalização da geografia tem papel vital, especialmente na Alemanha, onde o contexto histórico nacional de consolidação do Estado requeria a delimitação do território, um sentimento nacionalista, a concepção de expansionismo e um conhecimento aprofundado dos recursos naturais passíveis de serem explorados. A geografia contribui no fomento dos interesses do poder dos Estados nacionais europeus. Deve-se compreender que não é em sentido de dominação que o Estado promove esses aspectos, senão devido ao contexto no qual ele, o Estado, encontra-se inserido, isto é, uma Alemanha que chegou tarde à repartição das colônias e um Estado que ainda precisa definir suas fronteiras para consolidação do seu território.

## Capítulo 2

### Atividades de autoavaliação

1. e
2. a
3. d
4. b
5. e

## Atividades de aprendizagem

**Questões para reflexão**

1. A terra na mão de poucos serve para que eles possam ter acesso ao crédito, hipotecando sua propriedade, dando-a como garantia do pagamento do empréstimo financeiro. Tal empréstimo, porém, normalmente não é utilizado na cadeia produtiva da propriedade, mas sim, para benefício individual do proprietário. Para o capitalismo, o que interessa é a reprodução do capital; porém, isso ocorre por meio de sua reprodução ampliada no processo produtivo, e não no especulativo.

2. Resposta pessoal. Contudo, esperamos que o estudante faça a reflexão sobre a bancada ruralista. O estudante deve ter em mente como ainda existe uma grande força e poder político da classe dos proprietários de terra e que essa presença faz com que seus interesses sejam defendidos tanto no âmbito federal quanto estadual. Queremos, aqui, que o estudante perceba como o campo ainda tem poder, como não é somente o fator urbano e os industriais que têm poder político no Brasil, como pensa o senso comum.

## Capítulo 3

### Atividades de autoavaliação

1. b
2. d
3. c
4. a
5. e

## Atividades de aprendizagem

**Questões para reflexão**

1. Sim. É o Estado que oferece terras para a classe dos proprietários ou ignora as irregularidades em suas terras. Com isso, está protegendo-os da irracionalidade da compra de terras. É também o Estado que articula e enseja a exploração camponesa por parte do mesmo capital.

2. A propriedade privada no campo pode ter outro entendimento. O camponês tem visão de que sua propriedade é seu espaço de vida e trabalho, enquanto o grande proprietário de terras vê a propriedade somente como espaço de extração de renda. Podemos ir além, lembrando que os indígenas, por exemplo, têm outro entendimento sobre a terra, o qual inclui a religiosidade e cultura.

## Capítulo 4

### Atividades de autoavaliação

1. b
2. c
3. e
4. b
5. a

## Atividades de aprendizagem

### Questões para reflexão

1. A territorialização do monopólio é a união contraditória entre a agricultura e a indústria. Tem em seu âmago um modelo produtivo baseado no trabalho assalariado. O capitalista está no campo, e ele é proprietário da terra e da indústria ao mesmo tempo. A característica primordial de tal modelo é a monocultura. Já a monopolização da agricultura é a face da subordinação do campesinato. É, em linhas gerais, a subordinação da agricultura à indústria, o capital monopoliza o território e dita o que será produzido. O capital não é necessariamente o proprietário das terras, ele somente dita o que o campesinato deve produzir.

2. *Commodities* são mercadorias primárias negociadas na bolsa de valores, com cotação e negociabilidade mundiais. Ou seja, seus preços são definidos mundialmente e, por consequência, são ditados em dólares. A agricultura capitalista escolhe produzir aquilo que possibilite um ganho maior de renda; logo, as *commodities*, cotadas mundialmente e remuneradas em dólar, são a escolha mais óbvia.

## Capítulo 5

### Atividades de autoavaliação

1. a

2. b

3. e

4. c

5. a

### Atividades de aprendizagem

#### Questões para reflexão

1. É importante a ideia de que não somente o modelo de produção é transferido, inserido no campo, pelo capitalismo, mas também visto como expansão do modo como o capitalismo produz o espaço para o campo. Ou seja, o espaço agrário passa a ser produzido de acordo com as máximas do capitalismo: lucro, assalariamento e máxima produtividade.

2. Do início do século XX até hoje, ocorreu uma grande mudança no padrão produtivo brasileiro. Passando de uma produção meramente agropecuária, chegamos a este início do século XXI com uma financeirização da economia que segue em curso. Porém, apesar disso, o poder político é hoje repartido entre as elites do campo e da cidade. Exemplo disso é a União Democrática Ruralista e sua força no Congresso Nacional. Sobre as consequências do avanço do capital no campo, percebe-se a permanência dos conflitos por terra e um padrão de cultivo para exportação sendo aplicado pelo agronegócio.

# Capítulo 6

## Atividades de autoavaliação

1. d

2. a

3. c

4. c

5. b

## Atividades de aprendizagem

### Questões para reflexão

1. A luta por terra e território está atrelada à própria questão da identidade dos sujeitos. O território é pluridimensional e a identidade é importante na construção desse território. A identidade é também muito importante na constituição dos povos e culturas tradicionais; logo, a luta desses grupos é também uma luta por território, e não somente pela terra e pelo meio de produção.

2. A agroecologia é uma junção de diversos pontos de mudança, almejando não apenas uma modificação no padrão de produção no campo, mas também um resgate de saberes tradicionais, desdenhados pela academia, além de trazer à tona os questionamentos sobre a saúde das pessoas. Outro fator importante é que a agroecologia não funciona através de grandes monocultivos; sendo assim, ela é entendida como inseparável do campesinato.

# Sobre o autor

O geógrafo **Gustavo Felipe Olesko** é doutor em Geografia Humana pela Universidade de São Paulo (FFLCH/USP), mestre em Geografia pela Universidade Federal do Paraná (UFPR). Possui graduação em Geografia, Licenciatura (2009) e Bacharelado (2011) também pela UFPR. Membro do Laboratório Agrária (DG-FFLCH-USP). Foi Professor substituto no IFPR - Campo Largo e no departamento de Geografia da UFPR. Trabalha com elaboração de materiais didáticos e hoje é professor de ensino médio, superior e cursinhos pré-vestibulares. Faz parte do conselho editorial do periódico *Terra Livre*, da AGB, além de ser parecerista de diversos periódicos científicos de geografia. Trabalha com os seguintes temas: questão agrária, campesinato, uso comum da terra, acumulação de capital, luta pela terra e território.

Impressão:
Junho/2023